医師・造園家　山名征三による

奇跡の地球庭園
仙石庭園

Invitation to Senseki Garden
By
Medical Doctor & Landscape Gardener Seizo Yamana

中国山脈に連なる賀茂台地に誕生した仙石庭園。
色艶豊かな庭石、美しい樹木群、花木、草花があなたを現世の桃源郷へと誘います。

誠文堂新光社

奇跡の地球庭園
仙石庭園

●目次 ……………… 1

  読者の皆様へ ……………… 5
  仙石八景 ……………… 8
  仙石庭園とはどのような庭園か ……………… 14
  仙石庭園が地球庭園といわれる"わけ" ……………… 15
  仙石庭園全体図 ……………… 16
  仙石庭園位置図 ……………… 17
1. 作庭はバブル崩壊後の失われた30年と並行して進められた ……………… 18
2. 何故かくも辺鄙な場所に大規模岩石庭園を造ったのか ……………… 19
3. 色艶ゆたかな美しい庭石との出合い ……………… 20
4. 作庭の過程で私が常に考えていたこと ……………… 22
5. 庭造り本番 ……………… 24
  ①銘石奇岩通り
  ②仙石富士と仙石湖の造営
  ③奥の院
6. 仙石庭園の組石 ……………… 27
  ①黄山
  ②昇龍庭－枯山水
  ③人型組石
  ④青大路
  ⑤蓬莱神仙島
7. 仙石庭園の個石 ……………… 34
8. 仙石庭園収蔵盆石 ……………… 44
9. 仙石庭園収蔵原石 ……………… 46
10. 仙石庭園の樹木 ……………… 48
11. 仙石庭園の花ごよみ ……………… 50
12. 仙石庭園の生物 ……………… 52
13. 作庭余談－当園に大量の銘石が集まった仕掛けを含めて ……………… 54
  ①三波石
  ②ベンガラ長者の庭の末路
  ③1800トンの砂谷石をゲット
  ④伊予西条の渡辺さんの持ち石
  ⑤広島の某所の大型造園業者が店をたたみ、3000坪を団地にする
14. 庭石余談－岩石学的立場から解説 ……………… 58
  ①チャート
  ②珪化木

③紫雲石
④枕状溶岩

15. 市場の競り ……… 60
　①奥の院の仙石富士登山口の立派なサルスベリの銘木
　②爆買い
　③競売場には多様な人が集まる

16. 石とは私にとって心を豊かにしてくれる存在であり、物言わぬ師である ……… 62
　①神と石
　②石と私
　③中国山水画の世界
　④日本文化と西洋文化

17. 仙神大滝－七色の虹の大滝の造成 ……… 64
18. 広島県知事以下自治体の長を招いて披露宴を盛大に行った ……… 65
19. 姿の見えない厚く高い壁を前に立ち尽くす日々 ……… 66
20. むくり屋根の正門を建造 ……… 67
21. 神石殿の造営を計画 ……… 68
　①1年間農家になって納屋を建築
　②納屋を博物館に転用する

22. 白馬の騎士現れる ……… 71
23. 北園の造成 ……… 72
24. 2023年、4ヘクタールの地球誕生のドラマを紡ぐ岩石日本庭園が完成 ……… 73
25. 地球の庭といわれる仙石庭園の唯一無二性を拾い出してみよう ……… 74
　①作庭の動機と築庭方法が独特－庭造りの全ての段取りは私一人で行った
　②バブル崩壊後の特異な時代背景下に全国から銘石が仙石庭園に集積
　③銘石奇岩通りには品格の高い庭石を据え、"景"とした
　④土地の入手方法が独特―周辺部を逐一買収し、4ヘクタールの庭園とした
　⑤庭園は全体図面がない状態で作庭工事をスタートした
　⑥市街化調整区域、農業振興指定地域に合法的建造物、庭園を造った
　⑦1000年の歴史ある神社の御神木を使って総杉造りの"神石殿"を合法的に建造
　⑧高さ15メートルの七色の世界で唯一無二の虹の大滝を築造（仙石八景）
　⑨園内随所に見る組石の妙は独得
　⑩北園"伏龍湖"の護岸は京都仙洞御所の小堀遠州の手になる池の護岸に劣らない
　⑪開放感、異質感のある異次元の庭園
　⑫段差ある地形を利用して生まれた、池泉回遊風景展開式日本庭園
　⑬庭園と隣接した100年後を想定した「仙石四季の森公園」の植樹を行っている

26. 仙石庭園の継承と今後の維持管理 ……… 78
　①正門からの収入を増やす

Contents

　　②副業
　　③仙石四季の森公園造成に着手
27. 仙石庭園の庭石（銘石）とその産地 …………… 81
28. 仙石庭園内の主要な銘石・庭石（岩石）一覧 …………… 82
29. 造園主 山名征三の素顔 …………… 92
30. 造園主 山名征三の略歴 …………… 93
31. 我が国造園界の重鎮、吉村元男氏による仙石庭園の見立て …………… 94
32. 世界の日本庭園研究の第一人者　小林竝一氏の視点 …………… 95
33. 仙石庭園作庭の二十余年を振りかえって …………… 96

神石殿より前庭の一部を望む。

読者の皆様へ

　古来人々は身近に憩え、心身の癒される空間、楽園ともいう桃源郷ともいう場所に願望を持ち続けてきた。それが庭園であり、世界にあまねく様式は違えど存在している。2005年頃、群馬県の三波川四十八石とも称される美しい銘石に触れ、さらに石鎚山系を源とする仁淀川の清流にきらめく巨大な宝石の如き石群を目にし、これら美しい石を使って私の思い描く桃源郷、理想郷をここに造ってみようとの思いを抱いてできたのが4ヘクタールに及ぶ仙石庭園だ。九山八海を巡るがごとき艱難辛苦の末、二十余年の歳月をかけ、2023年完成を見た。

　還暦を過ぎた2005年頃、ゴルフ場に使う巨石群400トン余りを入手したことが仙石庭園物語の始まりである。宙空を巨石がぐるりぐるりと眼前で回り、その千変万化の岩姿、重量感、存在感、迫力の虜になったことが岩石庭園造りにつながった。私の田舎家の玄関前の小庭を造った老庭師との庭園談義の中で、老師いわく「庭なんてものは造る人の想い、感性を形にしたもので色々難しい決まりごとに縛られる必要はありません」。この言葉を「我が師」として自宅に2ヵ所作庭したのが初仕事であった。私が還暦を過ぎた頃である。できた庭園の評価は高く、庭造りの面白さに開眼した。

　病院と自宅の中間地点に耕作放棄田を入手し、そこに私が診ているリウマチ・膠原病患者さんが憩える場を造ろうというのが作庭の直接の動機であった。作業は私が信頼する庭師に意を伝え、私との共同作業の形で進めた。土地の購入、石の選択、植木の入手・購入、現場への搬入、配石、植栽はもちろん、お金の支払いのほとんどの段取り全てを私一人でこなした。

　本書は作庭の技術書ではなく、医師であり自称造園家から見た庭園完成までの波乱万丈の楽しくもあり、苦しくもあった記録である。また、作庭の間、見聞きした興味ある事象をまとめた庭園記録書でもある。完成した庭園は4ヘクタールと広大で、最初300坪程度の「点」より始まり次々と集まってくる素晴らしい素材に触れ、当初の初心もいつしか忘れ、周辺に次々と広げていくこととなった。当然、全体図面もない下での作庭であった。しかし、でき上がった庭園は全体として整然と企画された庭となっている。

　日本庭園とは、誰も見たこともないこの世の桃源郷とは、作庭の過程で常に頭をよぎっていた問題である。私はこの喧騒の世において古より言われてきた静寂感こそ日本庭園の本質と考え、また、距離を置いて眺める庭園ではなく、広大な庭園に小径を取り入れ、歩きながら直接石に触れ、地球の息吹を肌で感じ、四季折々の季節の移ろいを五感で感じることこそ日本庭園の本質があるとの原点にこだわった。今一つ私が考えていたことは、従前の伝統的日本庭園が広島に一つ増えたでは面白くない。これだけ素晴らしい素材を使っての作庭であり、過去誰も造ったことのない異次元の庭園にしたいという強い思いで、「唯黙々と吾道を行く」自分流の理想郷を追求した。その想いが園内の随所に現れている。未来を予言する庭園となれば幸いである。

完成した庭園は広大で色彩豊かな美しい銘石、巨石、奇石が随所に配されている。シアトル在住の国際造園家 小林玆一氏からは付加価値を付ければ、将来の「世界遺産候補」足りうるとの評価を受けた。吉村元男氏は1970年の大阪万博跡地の緑化など数々の大規模プロジェクトを手掛けた著名な造園家にしてランドスケープアーキテクトである。彼は仙石庭園を「地球庭園」と看破し、上代から現代まで続く日本庭園史で、次に来る庭園は仙石庭園でなければならないと断じた。鳥取環境大学名誉教授 中橋文夫氏は「日本造園界に黒船来たる」と表現された。造園界は歴史と伝統を重んずる。本文中、意図せず我田引水的な表現をしている場所もあろう。そこは師を持たぬ新参者の浅知恵として読み飛ばしていただければありがたい。

Dear Readers

　Since ancient times, people have longed for a place where they could relax and heal their mind and body, a place that could be called a paradise or a utopia. That is what gardens are, and they exist all over the world, although in different styles. Around 2005, I came across the beautiful inscribed stones known as the 48 Sanbagawa stones in Gunma Prefecture, and then saw the huge, jewel-like stones sparkling in the clear waters of the Niyodo River, which originates from the Ishizuchi mountain range. I wanted to use these beautiful stones to create the utopia and paradise I imagined, and that's how the 4-hectare Senseki Garden was created. After more than 20 years of hardship, like traveling the nine mountains and eight seas, it was completed in 2023 after more than 20 years of hardship.

　The story of Senseki Garden began in 2005, when I was over 60 years old, when I acquired over 400 tons of huge stones to be used for a golf course. I was fascinated by the ever-changing rock shapes, weight, presence, and power of the giant rocks as they spun around in the air before my eyes, and that led me to create a rock garden. During a discussion with an old gardener who created a small garden in front of the entrance to my country house, he said, "A garden is something that embodies the creator's thoughts and sensibilities, and does not need to be bound by complicated rules." Taking these words as my "master," I created two gardens at my own house, which was my first job. I was about 60 years old at the time. The gardens I created were well received, and I was enlightened to the fun of gardening.

　My direct motivation for creating the gardens was to acquire an abandoned field halfway between my hospital and my house, and to create a place where the rheumatism and collagen disease patients I treat could relax there. I conveyed my intentions to a gardener I trusted, and we worked together on the project. I was responsible for almost everything, from purchasing the land, selecting the stones, obtaining and purchasing the plants, transporting them to the site, arranging the stones, and planting trees, to paying for the money.

This book is not a technical book on gardening, but a record of the ups and downs of the garden's completion, both enjoyable and difficult, from the perspective of a doctor and self-proclaimed landscape gardener. It is also a garden record that compiles interesting things seen and heard during the gardening process. The completed garden is vast, covering an area of 4 hectares. It started with a "spot" of about 300㎡, and as the wonderful materials that gathered one after another came together, I gradually forgot my initial intention and expanded it to the surrounding areas. Naturally, the garden was created without a complete blueprint. However, the completed garden is a well-planned garden as a whole.

The question of whether a Japanese garden is a utopia on earth that no one has ever seen before was a question that always crossed my mind during the gardening process. I believe that the sense of silence that has been talked about since ancient times in this noisy world is the essence of a Japanese garden, and I stuck to the original idea that the essence of a Japanese garden is not to view a garden from a distance, but to incorporate small paths into a vast garden, touch the stones directly as you walk, feel the breath of the earth on your skin, and feel the changing of the seasons up close. Another thing I was thinking was that it would be boring to just add another traditional Japanese garden to Hiroshima. With such wonderful materials, and a strong desire to create a garden of a different dimension that no one had ever created before, I pursued my own utopia, "just walking my own path in silence." This desire is reflected everywhere in the garden. It would be great if the garden could predict the future.

The completed garden is vast and colorful, with beautiful, inscribed stones, megaliths, and oddly shaped stones scattered throughout. International landscape architect Kobayashi Koichi, who lives in Seattle, evaluated it as a possible "World Heritage candidate" if added value was added. Yoshimura Motoo is a renowned landscape architect who has worked on many large-scale projects. He saw through Senseki Garden as a "global garden" and declared that the next garden in the history of Japanese gardens, which continues from ancient times to the present, must be Senseki Garden. Nakahashi Fumio expressed it as "The black ships have arrived in the Japanese landscape gardening world." The landscape gardening world values history and tradition. There may be some parts in the text that unintentionally contain self-serving expressions. I would appreciate it if you could just ignore them and consider them the shallow wisdom of a newbie without a teacher.

仙石八景

　仙石庭園は見どころが多い。丘陵地に作られた4haの広大な庭園には、全国の珠玉のような庭石が集められ、数多い湖沼、銘木、美しい草花、多くの滝などで構成されている。

　それらの中から仙石庭園八景を選ぶことは至難であった。仙石八景は庭園自体が広いことから大きな景色を選んだ。組石を含む景に素晴らしい場所も多々あるが、それらは除外した。個石はもちろんである。

　組石、個石を入れた景観を含めれば三十六景も百景も可能であるが、それらは組石、個石のページでご想像願いたい。

　景観は感性の世界である。仙石庭園八景は私が選んだ園内のスケール感のある景観で構成されたものとして見ていただければありがたい。

仙石八景1-1　仙石富士

雪が降った翌朝の仙石富士と湖面を氷と雪で覆われた景観は圧巻である。

仙石八景1-2　仙石富士

仙石富士は四季折々の多彩な景観で来訪者をもてなしてくれる。

仙石八景1-3　仙石富士

例年2月第1週土曜日に行われる恒例の芝焼きは、仙石庭園の風物詩となっている。

仙石八景２　神石殿－仙石庭園博物館

二抱えある堂々たる心柱。神石殿は仙石庭園を代表するシンボルの一つ。
1000年の歴史ある神社のご神木で作られた総杉造りの建造物である。

仙石八景３　紅葉園

春のもみじの新緑、秋の紅葉。日本人の心の故郷である。
見事な庭石も楽しめる、もみじ園も当園自慢の景観の一つである。

仙石八景4　仙神大滝

この世のものとも思えない七色の虹の仙神大滝。世界で唯一無二である。

仙石八景5　仙石湖越しに望む神石殿

墨絵の世界を想起させる。仙石湖から神石殿を望む。

仙石八景6　奥の院

仙石富士山頂より組石で構成された奥の院、神石殿を望む。

仙石八景7　北園の伏龍湖

北園船着き場より亀石を望む。京都仙洞御所の小堀遠州の手になる護岸に勝るとも劣らない豪快な護岸石組。

仙石八景8　仙石広場

庭園見学の後、バーベキューに来られた家族がくつろげる広々とした空間。野外音楽会や各種イベントにも開放されている。

仙石庭園とはどのような庭園か

古谷石

梅花石

蛍石

黄水晶

　仙石庭園は新しいタイプの未来を指向する日本庭園を目指した。園内には3000個、重量にして1万トンを超える全国から集められた色艶美しい銘石、巨石、奇石が随所に配置され、異次元の景観が展開されている（グラビア、仙石庭園の個石、組石を参照）。

　加えて多数の盆石、美しい原石の展示場も併設されている。まさに地球の石博物館庭園である。2020年、我が国初の庭石博物館に文化庁より認定。2022年、公益財団法人となる。

仙石庭園が地球庭園といわれる"わけ"

　日本列島には4枚のプレートが集中している。南からの海洋プレートにフィリピン海プレートがある。そのプレート上には多彩なサンゴ礁、火山、泥、砂、生物の死骸、放散虫の塊等が乗り、長い年月をかけて、日本列島の下に沈み込んでいる。その際、日本列島との接触部は高圧と高温でプレート上の構造物に物理化学的変化を与え、多彩な変成岩となる。それらが長い年月をかけて三波川変成帯を中心とした各地の変成帯に押し上げられ、地表に現れ、私共はそれを目にする。このような現象は世界で日本列島に限られていて美しい色彩豊かな銘石が多数産する由縁である。仙石庭園はこのような地球のダイナミズムで生まれた美しい庭石を首座にして構成され、地球庭園といわれる由縁はまさにここにある。

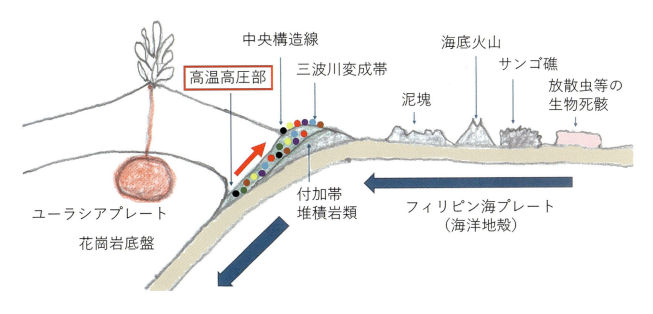

仙石庭園位置図

世界に類を見ない岩石日本庭園

Higashihiroshima City, Hiroshima Prefecture

庭園面積 40000㎡（12000坪 4ヘクタール）

庭石 3000個以上の1万トンを超える個性豊かな日本固有のカラフルな庭石で構成 World Best Rock Garden

公益財団法人 **仙石庭園**
造園者　山名征三

〒739-2111
広島県東広島市高屋町高屋堀 1589-7

TEL & FAX：082-434-3360
URL：https://senseki.org
Mail：info@senseki.org

1. 作庭はバブル崩壊後の失われた30年と並行して進められた

　仙石庭園に使われている素晴らしい庭園素材が何故かくも大量に集まってきたのか。仙石庭園の生まれた時代背景からまずは語らねばならない。日本はJapan as No.1と言われた1970〜1980年代を謳歌し、1990年1月4日に38900円まで上りつめた株価は大暴落し、瞬時にして日本社会全体が凍り付いた。バブルの大崩壊である。そこから失われた20年、30年といわれる時代が始まった。1番に打撃を受けたのは不要不急のもの、贅沢品関連事業である。2000年頃までの10年間は造園業界もバブル前の余韻を引っ張り頑張ってきたが、市場の需要は激減し、影響は業界全体に及び、庭を壊す人はいても、新しく造る人はいなくなり、それに住宅事情の変化も加わり、造園業界全体の体力を急速に奪っていった。特に富裕層への影響が甚大で、造園界衰退へ拍車をかけていった。

流紋岩

広島県の大部分の庭園で使われている庭石である。花崗岩と成分的にはほぼ同じで、流紋岩は地表近くで急冷され節理ができ、それに沿って割れやすい性格を持っている。

写1-1：このゴルフ場で使われる予定であった巨石群が私を石の虜にした。

　私はこのような背景下で大規模庭園の造営を始めた。ゴルフ場に使う予定であった400〜500トンの巨石を偶然入手したことが全ての始まりであった。それらを使って当時の時代背景もわからず作庭に着手したことになる。この時代、我が国で大規模作庭者は全国で恐らく私1人であったろうと今にして考えている。業界の退潮傾向は年を追うごとに顕著となり、造園業者の多くは力尽き、次々と店をたたみ、大量の造園素材がまわってくるという環境が生まれた。また、将来庭を造ろうと思って各地に隠し持っていた銘石が宙に浮き、仙石庭園作庭の噂を聞き、大量に運び込まれるという現象も起こった。あれほどの石材が集まった理由はこのような特異な時代背景にあり、樹木をはじめ全ての造園素材も同様で、広島市の卸売業者専用市で安価に入手できる手段も手にしていた。即ち私自身は全く自覚せず社会環境が変わったため、作庭に好都合な環境が作られていったことになる。

2．何故かくも辺鄙な場所に大規模岩石庭園を造ったのか

　私の生業は医師、医業である。還暦を過ぎた頃、400～500トンのゴルフ場で使われる予定であった巨石を入手した。これらの移動の際、眼前を廻る巨石の千変万化の姿、重量感、迫力の虜になり、それらを使って25トンレッカーを持つ庭石業者を呼び、彼にいろいろ教えてもらいながら、配石は私の指示で自宅の空き地に2ヵ所作庭した。

花崗岩

地球を構成する一般的な岩石。御影石とも呼ばれ、建造物に広く用いられている。石英、カリ長石、斜長石、黒雲母などの含有率でピンクから白色まである。地球深部で造られる深成岩。

写2-1：
自宅に造った第1作目にしては整っている。

写2-2：
自宅に造った板状流紋岩を用いた土留めを兼ねた石庭。
第2作目 ── 迫力がある。

　生来、書画骨董好みで備前焼は自分でも作品を作り、鑑識眼はプロに劣らないと自認している。自宅の庭造りを契機にその面白さに開眼した。この間、病院と自宅との中間地点に耕作放棄地を求め、そこに自分の診ている患者さんたちが憩える場を造ろうとの思いが、本格的な作庭の直接の動機であった。自宅の玄関前に小庭を造っていた老庭師との庭園談義の中で「庭は造る人の感性を形にしたもので、難しく考えることはありません」との言葉を我が師とし、手探りで作業を進めていった。職員も庭師1人を含む、後は病院の営繕の職員で構成した。仕事の段取り、物品全ての選択・購入・運搬、作庭に際しての石の配置、すべてを私主導で進めた。

　初めから全体図面もなく、まずは導入路を造り、眼前の拓けた場所に池を掘り、その北に東屋を立て、少し離れた場所にトイレを作った。このことが10年後に問題になるとはこの時考えもしなかった。作り始めてどうすればいいか多くの問題点に直面しつつ、1つずつ解決しての作庭であった。松の植栽もし、周辺を整え、300坪余りの患者さんの憩いの場を完成させた。

写2-3：業者に依頼して建てたトイレ。

写2-4：休息所のための桧皮葺きの東屋。

　周辺を見ると、広い空間が広がっている。当然の帰結として周辺部への拡大を模索していった。忙しい病院業務の合間を縫っての作業である。2～3年過ぎ、いろいろの経験も積み、素材の購入も店からでなく、広島市の業者専用の市から購入する方法も知り、安価な素材が大量に入手できるようになった。作業員の中に1人庭師の経験者がいて、私の思いを汲み取り、ことを進める体制も整っていった。当初の8反5畝は、瞬く間に庭園の様相を呈し、さらに見渡せば周辺は荒れた耕作放棄地が広がっている。それらを地主と交渉し、逐一求めては周辺部へ広げるやり方で私自身、仕事以外は全ての社会活動を断ち、庭造りに没入していった。

3. 色艶ゆたかな美しい庭石との出合い

　作庭当初は広島県の庭は県央に産出する向原石（流紋岩）を用いて大部分の庭園は造られていた。最初に入手した巨石も向原石で、それらを使って作庭作業を進めていた。しかし、4～5年経つと表面が黒色化し、見た目に陰鬱で何か別の石を求めていた。

写3-1：一夜庭。この組石に要した時間は24時間以内。秀吉の一夜城にちなんで命名。
時間の経過とともに濃い茶色から黒みを帯び、色石へと切り替える契機となった。

その時出合ったのが県央に産出する砂谷石であった。この庭石は表面がちりめん肌で、鉄分を含むため茶褐色を呈し、割面は鮮やかなコバルトブルーで華やかで私は庭石として高く評価し、向原石同様に多く用いていた。

　2005年頃、群馬県三波地方の出身で、目も眩むような美しい三波色石を店頭に並べている業者と知り合いになった。その色石のあまりの美しさに引き込まれ、足しげく通うも値段が折り合わず、悔しい思いをさせられていた。彼の口から色彩豊かな石は、四国石鎚山系と群馬県の三波地方だと聞かされ、四国通いも始めた。今まで扱ってきた向原の流紋岩とは全く異次元の世界がそこには展開されていた。

写3-2：
三波紫雲石の三尊組石—庭園を色石で造ろうと心変わりさせられた庭石。
枕状溶岩。

写3-3：
三波緑石に引き込まれた。

『この緑生む
　　地球の内部
　　　　覗きたや』

今後の庭園造りにはこれらのカラフルな石が主体になると考え、大きく方向転換を図った。たまたま三波の業者がもう店をたたんで帰郷するので、まとめて買ってくれれば半額で良いとの申し出を受けた。私は即反応し、十数石の見事な三波石を入手した。三波石の産地をこの目で見ねばと群馬県の三波石を扱う鬼石町まで都合3〜4回足を運んだが、残念ながら良い石には出合えなかった。従って、以降の庭石は伊予西条を中心に、石鎚山系の石へと特化していった。当園に多い仁淀川水系の美しい石群もその一連のものである。そこには美しく素晴らしい素材が三波石より安く大量にあった。

写3-4：
石鎚山系より太平洋に流れる日本一の清流・仁淀川の紅廉石。一石で"景"をなしている。

『雨に濡れたる紅廉石
　隣にいずれを
　侍らそう』

　2010年頃より、個人宅から庭を潰すので樹も石も差し上げますとの依頼が多数舞い込むようになり、加えて200トン、500トン、1000トン単位で、各地に持たれていた色彩感のある石群が雪崩を打ったごとく当園に集まってきた。そのような状況下で初心を忘れ、カラフルな庭石を主体にした大規模庭園をここに作ろうとの思いに変わっていった。荒地を美の空間に変える術にはまりゴルフはやめ、焼き物、中国絵画、さらには本業の医療関係者との私的な付き合いも断ち、仕事以外は全ての時間を作庭に割いた。この頃（2005年頃）は病院業務に加え、健診業務にも光が見え、仕事も頑張りながら唯我独尊の石庭造りの世界へと没入していった時期である。

4. 作庭の過程で私が常に考えていたこと

　地球誕生のドラマを秘める立派な庭石、日本庭園の現状を鑑み、私は同じ庭園を造るのであれば以下のことを頭に置いて作庭しようとの思いに至った。
　① 伝統的な従来型の大規模庭園が広島に一つ増えたと言われる庭園にはすまい。
　② 過去誰も作ったことのない異次元の岩石日本庭園にしよう。
　③ 伝統的庭園とは一線を画し、作庭のセオリーには捕らわれず組石も庭園景観の一部として意図的に随所に配し、公園的要素も取り込んで、眺める庭園から散策途中、近くに触れて・見て・地球の息吹を感じる日本庭園にしようと考えた。作庭の初めからこれらを頭に置き進めたわけではなく、作庭の過程で試行錯誤を繰り返し、徐々に自らのカラーを出していった。

そのためやったことは、従来の庭園の模倣を避けるため、庭園書、造園書全てを段ボール箱に入れて封印、庭園見学をやめ、あるかないかもわからぬ自分の感性の範囲内で静かな感動を覚える夢の空間、すなわち私流の現代の桃源郷を作ろうと考えた。このような思いをもって作庭すること自体が楽しく、無我の境地で「唯吾黙々と吾道を行く」日々が続いた。国家財産級の素晴らしい庭石、銘木に恵まれ、それらに相応しい場所を提供せねばならないと強く感じていた。

　庭園は絵空事とも言い、自由に物語を作り、面白く語り継げばそれがあたかも事実であったかのごとく後世に語り継がれる世界である。そこには美辞麗句は思いのままである。さりとて、作庭の現場は誤魔化しが効かない。大量に運び込まれる玉石混交の石を使っての作庭は決して楽なものではない。この素材で空間に景を作る。私が二十余年の間、常に自らに言い聞かせてきたことは、同じ景観を園内に2つと造らないと同時に大庭園たるもの西洋式庭園の定点観測をする庭園であってはならないということであった。また、窓越しにしか眺められないなどは私の中ではありえないことで、小径をそぞろ歩きし、岩に触れ、地球のダイナミズムを肌で感じ、目に入る植栽の移ろいで季節を知り、散策するものでなければならないと自分に言い聞かせてきた。

写4-1：コバルトブルーの美しい砂谷石の三尊組石。

　今一つは、日本庭園は歩いて回遊する限りにおいては、前後左右どちらからでも鑑賞に堪えられるものでなければならないとも考えていた。このような縛りの中での作庭は、決してやさしいものではなく、時に先が見えず、方向性を失い、立ち止まってしまうことも度々であった。そのような時は無理に『解』を求めず、時間をかけ、その場を離れ、時には旅に出た車窓より外を眺めながら何時間も思いを巡らせたことも数限りなくあった。多くの場合『解』は見つかるもので、私の作庭はその連続であったような気がしている。お客様から「感動した」「また来たい」という言葉もこれら一連の試練の結果であろうと考えている。これが師を持たない私の作庭のやり方であった。自分の思い描く極楽浄土、桃源郷を作るにはこれしかないとの思い込みからでもあった。

今後とも改良改善を続けねばならない。仙石庭園が50年先、100年先に真の評価を受ければ本望である。

『人の世は　変わり者にて　後の世潤う』

5. 庭造り本番

　庭造りをはじめて5年、10年と経つと、作庭に関する諸々のことがわかり、全てが段取り通り進むようになった

① **銘石奇岩通り**

　2005年頃より多くの庭石屋が店じまいをし、看板石を含め庭園の主石クラスの石が次々と放出され当園に運び込まれ、それらの石をどのように扱うか悩んでいた。各石は歴史も物語もあり、品格も高く、自己主張する石群である。それらの扱いには苦慮した。石の品格を傷つけず、石に自己主張の場を与え、石に満足してもらうため、考えた苦肉の策は、"銘石奇岩通り"と銘打った通りを作り、そこに配置することでお互い妍を競ってもらうことであった。すなわち庭石の美石コンテスト通りである。

写5-1："石の展示場"と揶揄された銘石奇岩通り。石の美石コンテスト通り。
個々の石の個性が強く、品格があり、一石ごとに"景"をなしている。現在は
銘石の坪庭として高い評価に変わっている。

　各石の背後と側面には植栽をすることで最小限の装いを行い、その存在感、品格を競ってもらった。すなわち銘石の坪庭である。できた当初は石の展示場などと評判が悪かったが、年月とともに落ち着いてきた。いずれ他所で必要とあれば移動もできる形にもしておいた。通りを歩くお客様は身近で見て、手で触れて感触を楽しんでもらい、地球の成り立ちに思いをはせ、身近に感じてもらえることで好評である。他の庭園にはない、新しい試みである。

② **仙石富士と仙石湖の造営**

　東屋から眺めると、正面高台に黒々とした残土が大量に醜く積み上がっていた。これらを使えば巨大な築山ができ、庭園に深みを持たせる効果があると思いつつ眺めていた。ある時、

地主と交渉し、取得の許可を得たが、値段のことでトラブルが生じ、「この土地は山名征三には売ってはならぬ」と遺言にまで残して他界した。大地主ではあるが、狭量なお方である。私は途方に暮れたが、息子が神奈川県にいることを知りお願いをした。「父の遺言もあり駄目」だという。しかし、一周忌が明けた頃、業者を介して先方から「お売りします」との話が来て、一件落着した。作庭していた場所は、夜間、残土、廃物が捨てられるような人も寄りつかない辺鄙な場所であった。

写5-2：
廃棄残土は大量で仙石富士造成のさい、二峰に分けざるを得なかった。

写5-3：
東屋からの
"三重の山"の展望。

　早速従前から関わっている0.7型ユンボを所有する藤井弘氏にお願いをし、周辺の大量の残土をかき集め、富士山の形に盛り上げた。富士の美しさは稜線の美しさにあるという。藤井氏と私2人で何日もかけ、私は地面に顔を擦り付けて稜線を出す指示を出しながら、現在の仙石富士を形作った。あまりに残土が多すぎ、富士の裾野を半島型に伸ばし、小富士も作らざるを得ないほどの土砂量であった。できあがった人工富士は正面が高さ10メートル、背面の南側は田へ向かってなだらかに下って、高さ23メートルにもなっていた。

　仙石富士の麓には、当時3反あまりの田が残っていた。持ち主と交渉し田を譲ってもらい、そこを掘り下げ堤防を造り、湖とし、逆さ富士が見えるように造成した。富士の高さ、サイズと湖のバランスは絶妙の仕上がりであった。日本一高く美しい稜線を持つ人工富士は、庭

写5-4：中段の庭側からみた蓬莱山。
正面からみる富士は美しい稜線で本家の富士を想わせる。

園のシンボルの一つである。仙石八景の一つ。

③ 奥の院

　仙石富士造成で残土を排除した場所は南北に細長く伸びた土地で、南は正面に仙石富士を見、北は庭園入口付近に伸び、西は里山に隣接し、東は仙石湖に挟まれていた。奥深い空間で"奥の院"と名付けた。その中に多数の組石を配することで空間全体に重厚感を持たせるべくイメージした。配置された組石は、南の"仙石富士麓組石"、西側の"日高赤石三尊組"、"黄山"、北の"青大路"、東の"仙石湖入口"、"赤富士"、"人型組石"、"愛媛蛇紋岩組石"から成る極めてユニークな空間となった。

写5-5：仙石富士山頂より神石殿・奥の院・仙石湖を眺望する。

6. 仙石庭園の組石

　仙石庭園が地球からの贈り物と言われる色彩豊かな庭石を首座に作庭を始めると、各地から大量のまさに玉石混交の石群が集まるようになった。これらの石で庭をどのように構成すればいいかが大きな課題となっていた。石群には、15〜20トンの品格・風格・岩姿どこをとっても申し分のない超ド級の庭石から、どうすれば庭石として使えるのか悩ましいものまで多彩であった。私はこれらの中より一石で景観を創りうる庭石、多数あり組石にできる石、その他と分け、その場所ごとで使い分けた。

　組石を組む際は直感を重視し、無為を心掛けた。また旅先で見かけた景観を組石で再現もした。たとえば、東北岩手県のリアス式海岸で見た秋の珠玉のような小島などだ。組石の際、ここはどうしてもその場に収まる石が欲しいと感じれば、妥協せず八方手を尽くしてまで探した。これら組石は景観形成を意識して園内に配置している。おそらく過去に見られない庭園構成である。ここでは当園の代表的な組石をいくつか紹介する。

① 黄山

　黄山は古来、中国の山水画の代表的な画題となる花崗岩の山々が連なり、観光地としても有名である。その黄山を訪ねた折、迫りくる巨大花崗岩の谷を抜け千数百メートルの高所に花崗岩の林で辺り一帯を覆われた夢のような桃源郷があった。黄山をイメージした広島型花崗岩－桜御影石を選んで、組石を奥の院に作った。主石は長さ7メートル、重量21トンの巨石である。15個の巨大花崗岩を使って豪快に仕上げた。当園最大の組石である。

写6-1：本家の黄山のイメージが出ている仙石庭園最大の組石（奥の院）。

② 昇龍庭―枯山水

写6-2：中心の主石が全体を引き締めている。

写6-3（右）：主石を求めて山中を彷徨い、見事な石を発見。

広島県北に砂谷石（さごたに）と呼ばれる銘石が出る。表面は鉄分を含み、茶褐色を呈するが割面はマグネシウム含量が多いためコバルトブルー色を呈し、極めて存在感のある庭石である。主石の立石を求めて1日山中を彷徨い、見事な立石を発見し持ち帰った。

③ 人型組石

これは奥の院に組まれたもので、立石にしようと砂谷石の主石の中心部に無造作にワイヤーを掛け、吊り上げた姿が何ともいい。「そのまま」と言って、先の尖った小ぶりの砂谷

『偶然の所産　名手にまさる』
（奥の院）

写6-4：この人型組石は絶妙のバランスが取れている。
神の手になる組石といわれた。

石を持って来させ、その主石を斜めに支えた。見事に収まり、左側にバランス石を置いて組石とした。人型に見えたので"人型組石"としたが、後日談がある。

　東広島に有名な辛口作庭家がいて、決して他人の作った作品を褒めない。彼自身もいい作品を作るので、皆黙認していた。その当人が来園しこの組石を見た時、「これは誰が組んだ！この組石は神の手が造った」と激賞してくれたいわくつきの組石である。

④ **青大路**

　奥の院の北側に神石殿に向かう小径がある。その辺りに伊予青石をふんだんに使って"青大路"と命名した組石を配した。主石の2石は長年四国の急流で洗われた典型的な色艶のいい青石である。組石自体は自慢できるほどのものではないが、物語がある。

写6-5：神大門と槇、青石組石のバランスは一幅の絵である（奥の院）。
当園にはこのような場所が数百ヵ所ある。百幅の絵。

　四国の伊予西条は石処で石鎚山系の素晴らしい庭石の集積地である。2010年頃訪れた時、ある土場で2000トンの立派な青石に赤ラベルが貼られていた。店主に「これはどこへ行くのか」と尋ねると全てベトナムへ行くという。私はショックを受け、なけなしのお金を持って周辺の土場を廻り、水の流れが作った自然の美しい青石を大量に買い求めた。日本の貴重な財産を少しではあったが守った気持ちになり、自己満足をしたことを今でも覚えている。

　絵画などの贅沢品はその時代の国力の旺盛な国に集まるというが、石も例外ではない。しかし、石は一旦輸出されると返ってはこない。2010年前後から日本の松、槇、盆栽、錦鯉なども大量に海外に出ていったことはご承知の通りである。

⑤ 蓬莱神仙島

　私は旅の印象を組石にすることがある。秋の東北のリアス式海岸を訪れた時、海岸に多数見られる小さな島が全島、紅、黄、緑、茶と見事に染め分けられていた。その印象は鮮烈で、色鮮やかな岩石でそれらを表現しようとした。

写6-6：中段の庭側からみた蓬莱山
東北のリアス式海岸に降り立った時、紅葉で彩られた島々は神宿る蓬莱神仙島に見えた。
そのイメージを大切にし、再現した。

　当園には色とりどりの岩石が多数あったので、かなりそれに近いものができたと考えている。こうすることでその組石の前に立つと、十数年前訪れた東北のリアス式海岸の美しいイメージが眼前に鮮やかに蘇り、思い出しても懐かしい。蓬莱神仙島の北面は北園よりも展望でき、全く別の蓬莱神仙島となっている。仙石庭園組石八景の一つ。

写6-7：向原石を無造作に組み、落ち着いた景色を醸し出している。

『無為の組石　自然に近し』

写6-8：砂谷石と佐治石のコラボ

手前の主石は鳥取県の天然記念物佐治石で姿形も見事である。奥の三石は砂谷石の立石。手前の手水石は伊予の赤石。それぞれ個性的であるが、銘石3種を調和させた小庭の組石にいかがなものか。ツワブキは早春に黄色の花をつけ、組石に華を添えてくれる。

『四畳半あれば　四季楽しめる小宇宙』

写6-9：神石殿の右脇を締める豪快組石

三波鳥巣石を中心に据え、左右を伊予赤石・青石で組み上げている。中央の老松は盆栽をそのまま大きくした樹齢200～300年と言われている。神石殿の右脇を締める堂々たる組石群である。

写6-10：紅簾石（紅すだれ石）

石鎚山系に産する銘石で地元では紅すだれ石と呼ばれ珍重されている。鮮やかな緋色を織り込んでいる。水に濡れると緋色・薄緑が浮き出してくる。カットして研磨すると濃い紅色が波打つ帯状の美しい文様を呈する。三波川結晶片岩の三尊組石。

紅簾石の断面

写6-11：滝山川河石組石と平戸ツツジより仙石富士を望む

滝山川は広島県の県石である花崗岩を産し、桜御影石として珍重されている。背景の仙石富士、平戸ツツジ、桜御影石、サツキがうまくマッチングし、景としてまとまっている。

写6-12：日高赤石三尊組

本石は互層構造を成したチャート赤石。強い地殻変動の力を受けてできた褶曲模様は海底地すべりの特徴を見事に表現している。赤石と言えど石だけでは厳しい。中央の山茶花が加わることによって組石全体に柔らかみが出て鑑賞に堪えうる組石となっている。

写6-13：不動滝　主石17トン、左右従石各10トン

東屋から眺める滝は静寂が支配する庭園に置いて心地よい音を奏でる重要な役割を担っている。
滝口石（大分県産紫雲石）より流れ出る様は当園の代表的景観の一つでもある。
左右の従石は向原流紋岩。

7. 仙石庭園の個石

　仙石庭園には、一万トンを超える銘石を含む玉石混交の庭石が使われている。

　当初は、従前の庭に見られる山石を主に用いたが、作庭過程で思いが変わり全国各地の色彩豊かで美しい庭石を使った庭園造りへと変えていった。

　入口より入られた来訪者は、目の前に展開する景観の異質感に刮目する。ここでは当園に多数使われている美しい庭石の一部をご披露し、私なりの解説を加えた。組石に用いられている個石は全て除外している。

この標識石は30トンを超える広島県石である花崗岩。姿形もよく、私のお気に入りである。

仙石守護神

神社で言えば四天王の一人に当たる。この形相、数ある伊予青石の中でもかほどの岩相はめずらしい。高温高圧、地殻変動、地すべりの苦難に堪え、なおかつ威風堂々たる姿を保っている仙石庭園の守神である。

写7-1:『鬼もたじろぐこの岩相　人にはやさし仙石守護神』

写7-2:
正面入口より望む老松と庭園標識石

日本海の風雪に耐えた見事な亀甲文様の黒松。滝山川の御影石に彫られた標識石。さらに奥の槙の木と景観に厚みを加えている。

※黒松は2023年松くい虫に侵され、惜しまれながら伐採された。

変成岩

変成岩は岩石に強い圧力と熱が加わることで岩石の性質が変わることでできる。片麻岩、結晶片石、接触変成岩など。各種元素の混入により、多彩な色彩を呈するようになる。庭園の紫雲石などはその代表。

写7-3:獅子石(高知県の糸掛太公石)

自然の造形の極致とも言えるライオンの擬態石。表面は細い糸掛けで全面が覆われ美しく装っている。本石は冬になると写真の如く、火を吹く獅子と化し、お客様の興趣を誘っている。

『火を吹く獅子石　SNSで拡散すれば　如何なる反応やある』

写7-4：伊予加茂川青石

美しいサツキに囲まれ、アルプスにそびえる雪渓を纏った岩峰に見える。アルプスの高嶺を望むが如き、岩容は見る人を楽しくさせると同時に威圧感を与えている。加茂川は石鎚山より瀬戸内海に注ぐ川であり、ここで見かける青石は石英を大量に岩体に噛んでいる青石が多い。

『この一石　いずれの場でも主役の座』

写7-5：珊瑚石 15トン

桃色珪質岩（チャート）と苦灰質砂岩の瓦層岩
地殻変動でチャート層が裁断され、互層構造が失われている。

拡大図

『見事な美石　されど苦難の旅路　岩相に表わる』

写7-6：北海道夕張産の手水石
暗灰色の珪質岩（チャート）と砂岩の互層構造。
水に濡れると光るところは神居古潭石と共通したものを感じる。

写7-7：赤色泥岩（高知県）

表面は無骨であるが深い赤で岩絵具の材料にでもすれば、どんな赤となるであろう。奥田元宗の赤を超えるかも。本石は、南半球の赤い陸地の砂塵が強風で巻き上げられ、海に沈み岩体を成し、フィリピン海プレートで運ばれ、高知県で採取された。地球のダイナミズムを証明する貴重な石だ。

『仙石庭園は地球庭園
　　その証　ここにあり』

写7-8：虎紋岩（仁淀川）三波川結晶片岩
高知県仁淀川の清流にあった石で地元ではよく知れれた20トンを越える銘石。
虎が伏せて獲物を覗う姿を連想させる堂々たる巨石。

『虎視眈々　獲物を覗う　巨大虎石』

写7-9：太公石（仁淀川）
高知県には太公石と言われる糸掛石が多い。中国周時代の太公望の釣り糸に似ていることから来ているようだ。この太公石は、まさに王者の風格を持つ庭石。

『この一石　庭に置かなば　問答無用』

写7-10：モアイ石（向原流紋岩）
絶海の孤島イースター島のモアイ像を連想させる向原流紋岩。造園当初、庭園の中心に据えられたシンボル的石である。鼻部分に亀裂が入っており、いずれそげ落ちるであろう。見事な擬態である。

写7-11：ワニ石（向原流紋岩）
このような珍石に巡り合うことは珍しい。まさにワニが悠々と泳いでいる様を示している。

『モアイといい　ワニといい
　　自然の成したる芸術品　現代作家顔色なし』

写7-12：高知糸掛石
見事な糸掛が全面に見られる一石である。この白い部分は石英で地殻変動時、岩体が壊れ、その間隙に石英を含む熱水が入り、石英が晶出し接着剤の役割をなしている。

『この一石窓前に置けば　高友を求むることなし』

写7-13：椎葉紫雲石
椎葉地方で採れた火山性岩石。ガスの抜けた跡がくぼみとなっている。左の巨石は、その岩相はあたりを払う威圧感をもっている。右の黒石も同様で表面に五百羅漢を思わせる紋様がある。

『天孫降臨の地より生出たるこの二石　神宿る石と言われ納得』

写7-14：大分黒紫雲石（海底火山の溶岩）
大分県三重町産の黒石。岩姿といい景色といい、非の打ち所がない。岩気をいただける銘石。

『朝露に濡れにし　巌と対坐して　岩気貫いて　命永らむ』

写7-15：抹香石　試剣石とも言う。
愛知県産の細粒砂岩と泥岩の細互層岩。風雨が削り溝を作った。

写7-16：越前海岸クラゲ石
なんともユーモラスな、それでいて威風堂々たる奇石である。細礫岩が外れ、美しい多穴模様が形成された銘石。砂岩の上に礫岩が堆積してできた。北陸地方では、下の砂岸部分は墓石、門柱等多様な用途に用いられているとも聞く。

写7-17：大分県三重町の縞状チャート赤石
姿形のいいチャート石である。川で洗われ柔らかな表情をしている。当園の銘石のひとつである。四国の銘石が海外に出ていることを目撃し、危機感を持って求めた石。

8. 仙石庭園収蔵盆石

　私は若い頃より書画骨董に親しみ、父親は自分の持つ盆石を6人いる兄弟姉妹の中で、私一人にすべてを託した。「征三なら大切に扱ってくれる」と考えたからであろう。従って、若い頃より盆石にも親しみ成長した。

　京都に古裂会という古物を手広く扱う業者がいる。私はそこの会員になり、出品される盆石の優れ物を中心に収集した。我が国では探石会と称して、休みには石好きが集まり山へ川へと探石に出かけたものである。集めた石はお互い品評会をやり、物々交換で収集を増やしていった。私の父親もそうして集めていた。仙石庭園博物館の収蔵品は100個あまり。

　江戸時代中期以降は盆石文化は文人趣味として流行し、細川流、清原流、竹屋流などの流派が生まれた。戦国時代には武勲を挙げた武将に、土地の代わりにこれら盆石、中国の景徳鎮窯の茶碗を与えることで労を労った。盆石一石と城一つを交換したという逸話さえある。

古谷石逸品

梅花石

オニキス置物

佐渡赤玉石

縞状チャート

緑色安山岩

花崗岩

古谷石逸品

堆積岩

菊花石

古谷石逸品

サザレ石

古谷石逸品

ミカブ帯産擬灰岩

9. 仙石庭園収蔵原石

　原石は水晶に代表される結晶構造をもつ美しい石が中心である。私は若い頃から多少の原石の収集もしていたが、仙石庭園博物館にある原石は 2000 年頃から本格的に集められたものである。原石は世界各地からバイヤーがスーツケースに自国の原石を詰め、定期的に行われる全国各地の大都市で開かれる原石市の小さなブースで競売されていた。私のところにも案内状が来るので、出かけては見た目美しいものを探し求めていった。気が付けば大小 400 〜 500 点に上っていた。毎年 2 月にアメリカのアリゾナ州ツーソンで開かれる世界市に参加し、収集の幅を広げた。現在では美しい原石をほぼ網羅していると考えている。

マラカイト原石（孔雀石）
琥珀
アズライト
ヒマラヤ水晶
アメジスト
アリゾナ産珪化木

10. 仙石庭園の樹木

ウバメガシ　　　槙　　　モッコク　　　クロガネモチ

日本一のウバメガシ

笠松一戒めの松

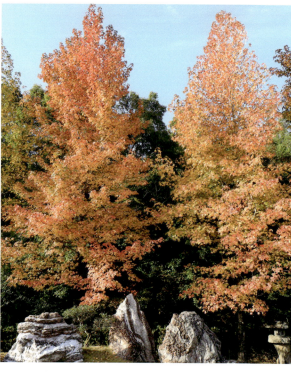

　仙石庭園は石庭であるが、樹木群もすばらしい。主たる樹木は、足摺岬に自生のウバメガシ、松、槙、モッコク、アメリカフウなど多彩である。花木、草花も楽しめる庭園になっている。

写10-1:(上)荒槙、(右上)ウバメガシ、(右下)クロガネモチ

写10-2:巨樹の移植は左図のごとく帯ベルトを掛け、鉢を壊さないように慎重に移植する。

11. 仙石庭園の花ごよみ

河野亮子 作図

名　　称	3月			4月			5月		
クリスマスローズ	○	○	○						
マンサク	○	○	○						
ウンリュウバイ				○					
アセビ				○					
ムスカリ				○					
ミツマタ				○					
サンシュユ				○					
ツバキ	○	○	○	○	○	○			
レンギョウ				○					
ユキヤナギ			○	○					
寒緋桜・河津桜・陽光桜			○						
染井吉野・大島桜・枝垂桜				○					
楊貴妃・関山・御衣黄・右近桜					○				
リキュウバイ				○	○				
ミツバツツジ				○	○	○			
ヤマツツジ				○					
アジュガ（西洋十二単衣）				○					
アオキモ					○				
イカリソウ				○					
シャクナゲ					○	○			○
ボタン					○				
フジ					○				
ミヤコワスレ					○	○	○		
ヒラドツツジ					○	○			
キリシマツツジ					○				
シャガ・ヒメシャガ					○				
ジャーマンアイリス					○				
オオデマリ					○				
シャクヤク					○				
カキツバタ・アヤメ							○		
エゴノキ							○		
サツキ							○	○	
一輪草								○	
アメリカハナミズキ								○	

　　■：樹木の花　　□：草の花
　　○：花期　　●：花のみごろ
（※天候によって変化することがあります）

50

夏

名称	6月	7月	8月
ユキノシタ	○		
サツキ	○		
ヤマブキ	○		
エニシダ	○		
ハコネウツギ	○		
ハナショウブ	○		
アジサイ	○		
ムラサキシキブ	○		
ギボウシ	○ ○		
シモツケ	○		
ムラサキツユクサ		○	
ヤマボウシ		○	
ナツツバキ		○	
ヤマモモ（実）		○	
キキョウ		○ ● ● ○	○
タマスダレ		○ ○	
ヤブカンゾウ		○	
サルスベリ			○
リョウブ			○
ヤブラン			○ ○
フヨウ			○
スイレン	○ ○ ○ ○ ○ ○ ○ ○		

　　　　：樹木の花　　　：草の花
　　○：花期　　●：花のみごろ
（※天候によって変化することがあります）

秋

名称	9月	10月	11月
フヨウ	○ ○ ○		
ヒガンバナ	○		
キンモクセイ		○	
ツワブキ		○ ○	
ホトトギス		○ ○	
フジバカマ		○ ○	
ドウダンツツジ（紅葉）		○ ○ ○	
十月桜			○ ○ ○
マユミ（実）		○ ○ ○	○
ニシキギ（紅葉）			○ ○
オモト（実）			○ ○
ピラカンサ（実）			○ ○
ヤブコウジ（実）			○ ○
モミジ（紅葉）			○ ○
ノムラカエデ（紅葉）			○
アメリカフヨウ（紅葉）		○	

冬

名称	12月	1月	2月
ナンテン（実）	○ ○ ○ ○ ○		
サザンカ	○		
寒椿	○ ○ ○ ○ ○		
クリスマスローズ		○ ○ ○	
ロウバイ		○ ○	
クロガネモチ（実）	○ ○ ○ ○ ○		
マンリョウ（実）	○ ○ ○		
センリョウ（実）		○ ○	
マンサク			○ ○
ウメ			○

12. 仙石庭園の生物

　作庭を始めて1/4世紀、葦が繁茂し、雑木が生い茂る荒れ地は美しい庭園に生まれ変わっている。そこには新たに棲みついた生き物たちの営みがある。今では各種の渡り鳥、蝶を含め多様な生態系が形成されている。その中の一部をご披露したい。

アオサギ

ツグミ

カワセミ

アオアシシギ

フジバカマに遠路飛来したアサギマダラ

例年9月から10月に園内に植えられたフジバカマにはこのような美しい蝶を観察することができる。

13. 作庭余談 — 当園に大量の銘石が集まった仕掛けを含めて

　庭石の選別、値決め、搬入、諸々は私自身が業者と直接折衝して全て決めたと本文の中でも述べている。良い石を求めて全国に足を運んだ。素晴らしい石と巡り合った時の喜びは何物にも代えがたい。その過程で面白い経験、また人生のドラマにも度々遭遇した。何故大量の銘石が仙石庭園に集まったかの裏話も含めて、その一部をここでご披露しよう。

① 三波石

　三波石はその美しさに惚れ込み、それまでの向原石から庭園をカラフルな石に切り替えるきっかけになった石であった。産地を見ねばと思い、群馬県の三波石峡に都合3～4回足を運んだ。第1回目は三波石の持ち主、清水氏と同道し、現地をくまなく案内していただいた。三波石は群馬県と埼玉県の県境の神流川の上流にある三波石峡に産する石である。江戸時代の大名さん達は、競って求めたという。

　ダムができ、その底に沈む予定であった石が引き上げられ、その大部分が売れた後、私は出向いたようで、まともな石には巡り合えず、値段だけが高いとの印象を持った。その時訪れた石処の鬼石町で卵型をした美しい三波青石を見せていただいた。高さ160センチほどの庭石で、値札は100万円と付いていた。この庭石はバブル崩壊前、1億円の値段が付いた。石の表面に伊豆の踊子のように石英が浮き出していて、バブルで浮かれていた頃、1億円の値が付いたが、持ち主は次の競売では1億5千万円になると思い売らなかった、いわくつきの石である。その後バブルが弾け、ゼロが2つ落ちて100万円で寂しく、そこに鎮座していたというお話である。地元では有名な話で語り継がれている。100万円でも私は「高かっ!!」と思い、関心も示さなかった庭石である。バブル心理は恐ろしい。

写13-1：群馬県鬼石町では踊り子石として今も親しまれている。かつて競売で1億円の値が付いた三波青石。本石は鬼石町にあり、本庭にはない。

② ベンガラ長者の庭の末路

　広島市内の三滝というところに「ベンガラ」で大儲けした人がいた。その方は石が大好きで、見事な大小の色石を集め、600坪くらいの立派な庭園を造っていた。入口を入ってすぐのところに立つピンク色の主石は超立派な20トンを超す巨石で、私も目を奪われた。その他庭園を構成している庭石は仙石庭園の庭石と負けず劣らずの立派なもので400〜500トンの色艶豊かな庭石で構成されていた。

　聞くところによれば、あまりに石が美しく立派で、広島で庭師を志すものは一度見学に行くよう親方から指示されるほどであったと言う。庭園の中央には作庭者の小さいが銅像が立派な台石の上に立てられていた。私がその庭園を訪れたのは、この庭園を壊すので、石の置き場を提供してくれないかとの話がきたからである。固定資産税が高く、このまま維持するより全部処分してここにマンションを建てたいと息子と孫が言っているとのことであった。それまで息子、孫はこの石は200万、あの石は100万と聞かされ、売ればマンションくらい建つと踏んでいたようだ。しかし、バブルが弾け、誰もまとめ買いをする者がいない。

写13-2：駐車場入口にある豪快な出迎え組石－すべて頂戴した組石。

　そのような状況下で私は行った訳である。庭の壊し賃、運搬賃は持ち主からいただいているので「石はタダで差し上げます、石を置く場所を提供してください」とのことであった。夢のような話である。私は場所を提供し、石を置いていただいた。しかし、タダほど怖いものはない。運搬賃の半分を支払うことでこの話は決着をつけた。これらの石は駐車場の出迎え組石として、また大野の厳島離宮の入口付近を飾る石として使われている見事な銘石である。唯一残念なことがあった。入口の立派な主石は息子、孫もさすがに良いものだと思ったのかマンションの前に置き、大切にしているようだ。

写13-3：山中に長期間放置された砂谷石。全面苔で覆われている。

③ 1800トンの砂谷石(さごたにいし)をゲット

　仙石庭園の石置き場は山が石垣で囲まれ、まるでお城のようで、入口より立派な道が付き、当園の石置き場として使っている。あの場所に500〜600トンの砂谷石の庭石が眠っているとの情報がさる人からもたらされた。持ち主はすでに他界され、娘さんが管理に困り手放すとのことである。「石と6000坪の山をまとめて買ってほしい、値段は私に付けてほしい」とのことであった。早速見に行き息を飲んだ。眼前におびただしい石らしき物体が厚い苔で覆われて何層にも積み上げられていた。しかも広範囲に渡って。私は1000トンはあると踏んだ。当時の砂谷石の市場価格はトン当たり3万円を下らなかった。単純計算しても大変な額になる。

　私は石置き場を探していたところであり、渡りに舟と山を含めて1000万円を提示した。断られると思ったが、相手は破顔一笑、決着した。これには後日談がある。10年余り経過して、購入時の伝票が出てきた。なんと石の重量は全部で1800トンあったのである。私は砂谷石を庭園の随所に使っているが、使っても使ってもなくならない。不思議に思っていたことを今にして思い出す。ここの砂谷石は、全て一級品であった。

④ 伊予西条の渡辺さんの持ち石

　ある時、伊予西条に行ったときの話である。行きつけの庭石屋の親父が、「先生、今日はいい話がありますよ」と言う。連れていかれた原っぱに大小様々の見事な庭石が約300トン余り置かれていた。どの石も姿形、色艶、全て一級品である。彼の言によれば、この石は地元の渡辺さんの持ち物で、本人も一流の庭師であるが、庭師を指導する仕事もしていた。彼

は、指導はするが指導料は取らない。その代わり、庭師が集めた石の中から1～2石いただくやり方を取っていたという。30～40年間で彼が集めた石だという。これらで300坪余りの庭を造っていたが、借地であったため取り壊し、まとめてここにあると言う。渡辺さんはすでに亡くなり、娘さんが遠くへ嫁しているという。娘さんから、全て買い上げてくれるなら安く処分してくださいとの伝言ですと言う。値段は私に付けてくれと言う。私は予想値段の1/3をぶつけたところ、すんなりOKとなった。これらの石は神石殿の周辺、前庭に主に使われている。見事な石であることはおわかりいただけると思う。

⑤ 広島の某所の大型造園業者が店をたたみ、3000坪を団地にする

　仙石庭園もほぼ形を成し、北園を残すのみとなった。その時、上記のような話が持ち込まれた。早速見に行ったところ、元の親方は亡くなり、息子はサラリーマンで家業を継ぐ意志はなく途方に暮れていた。見渡すとかなり処分した跡があったが、未だ5～6本の巨木が残り、石に至っては我々垂涎の的の羅漢山の銘石がゴロゴロある。木と石を持ち出してくれればいいと言う。持ち主がそれをすると手間もお金もかかる。私共に掃除をさせようという意図である。

写13-4：鹿児島県志布志湾甌穴石
石英安山岩質の白い軽石の象嵌が美しい。姶良火山の大爆発で生じた火砕流が志布志湾まで達してできた甌穴石。

写13-5：羅漢石は今でも庭石として珍重されている貴重石。長野県の山中より持ち帰った大型の鉄平石通りとしても当園自慢の「風雅の小径」。

『前に座すれば神仏まとめて面倒見よう』

　私は庭園の職員を総動員して何日も通い、木も石も全て持ち帰った。羅漢石は素晴らしい浸食の跡の見られる銘石ばかりで、市場で買えば、この時代でも大変な金額を要求される。30～40石はあっただろうか。現在の北園の多くの樹木、北園内の小径に配置された羅漢石は全てこの時入手したものである。時代に逆行して行動を取ったからこそ、このような恩恵に浴することができたわけである。猫に小判、豚に真珠と言う言葉はまさに名言である。作庭の過程で人による価値観の違いを思い知らされることが多かった。息子さんにとって、穴ぼこだらけの山石はゴミにしか見えなかったのだろう。家業の継承は難しい。

14. 庭石余談 － 岩石学的立場から解説

① **チャート**

　岩石は実に多様である。岩石に関する知識の全くなかった頃、石は全て火山活動でできるものと単純に考えていた。しかし、目にする庭石は実に多様多彩である。仙石庭園に広島大学地球岩石学の元教授、沖村雄二先生が出入りされていた。その先生から耳学問で色々教わり、私も本を開くこともまれではなかった。

写14-1：伊勢の産。薄い砂岩と互層をなすチャート石。神石殿の左脇を占める堂々たる銘石。

　4000～5000メートル以上の南方の深海に大発生した甲殻類（約$\phi 10\mu m$）が大発生と死滅を繰り返し、堆積する。次の発生までその上に砂岩、泥岩が堆積する。それを繰り返すことで、層状の構造物ができる。長い年月と高圧の下で岩石化し、フィリピン海プレート、太平洋プレートに乗って日本に運ばれてくる。これらの生物が材料になった岩石をチャートという。日本語はなく、万国共通語だ。その縞模様が何物にも代えがたく美しい。仙石庭園にはこのようなチャート石が多数使われている。

② **珪化木**

　珪化木は何といっても米国アリゾナの砂漠より出土する珪化木が最高である。アリゾナの土壌に含まれる元素により形成される珪化木は、赤、黄、緑、茶、黒など実に多彩で美しい。それに比べ、我が国を含め東南アジアから入ってくる珪化木は灰色か、良くて茶色であまり面白くない。

③ 紫雲石

　地球内部の高温、高圧の条件下に岩石が晒されると、物理化学的変成作用を受ける。石が溶け、飴状に曲がり、複雑な互層の縞模様を呈する美しい岩となり、また、含まれた元素により発色し美しい色模様を呈し、庭師の間では紫雲石と呼ばれる庭石となる。残念ながら岩石学には紫雲石なる用語はないと聞いている。岩石学には庭石を扱う分野がなく、両者間の交流もない。

写14-2：日本産の珪化木の椅子。

写14-3：石英で覆われているが、岩体は業者間で呼称されている紫雲石。

『煮えたぎる地球内部の試練経て　せめて呼びたや紫雲石』

④ 枕状溶岩

　当園には美しい庭石が随所に配置されている。この20トンクラスの豪快な庭石は枕状溶岩と言われる海底火山の由来の岩石である。表面に枕を張り付けたような特徴がある。海洋プレート上には活火山があり、噴火した溶岩は海水で急冷され枕を重ねたような表面構造を呈する。本石も丸く突き出したところが枕状と称されるもので岩全体が美しく装われている。当園で見られる枕状溶岩は全体が紫色が主流の美しい石で、土壌中に含まれる元素によるのだろう。

写14-4：枕状溶岩。これほど美事な枕状溶岩はまずない。

15. 市場の競り

　私は素材を専門業者が出入りする卸売市場で、競売で購入していたことは本文で述べている。おかげで市場値段より格段に安い値段で入手できた。実際は準会員で、落札値の10％を仲介者に支払っていた。2〜3の話題を提供しておこう。

① 奥の院の仙石富士登山口の立派なサルスベリの銘木

　　多くの人は市場で買えば200万円は下らないと値踏みする。私の購入額は2万円であった。ある時の植木市で、私は仲介人にこれを落としてくれと頼んでいた。幹直径30〜40cmある立派な古木である。ただ、根締が悪く、割れていて、根が半分露出していた。私は構わないから落とせと指示した。競りというものは多くは2万円から始まる。競り子が「はい！2万！2万！2万！誰かいませんか？」と言う声に仲介人が「買い！」と言うと、次は「4万！4万！4万！」と競り上がる。この時は誰も付いて来ず、結局2万円で落ちたという話である。サルスベリは強い木で、古木と言えど、根が割れていても私は付くと踏んでいたから勝負に出たのである。他の業者は商品にするので敬遠し、2万円で落ちた。今は立派に活着し、お客様を楽しませている。

写15-1：見事に活着し姿、形も美しい２万円のサルスベリの巨樹。街道筋の店で買えば200万と言われる。

② 爆買い

　呉の業者で、ド派手な買いで全国から業者が集まるという現象を起こした御人がいる。鉄工所で財産を作ったと言うが、教祖的振る舞いで集金能力に長けた男で、庭石、樹木に心底惚れ込み、市が立つたびに、何百万円、時には何千万円と大口の買い物をした。それを目指して全国から銘石、銘木が集まった。彼はそれを買い、4～5倍で売り、石置き場、樹木畑を次々と拡大していった。1980～2010年頃までの話である。当時は作庭の華やかなりし頃の余韻がいまだ残っていたため、そのようなことが可能であった。時代の波には勝てず、彼の広大な石置き場も樹木畑も今は蔦で一面に覆われている。銘木は当然その下で雑木になっている。もったいない話である。現実は惨い。

③ 競売場には多様な人が集まる

　競売場には変わった人が多く出入りしている。私もその一人ではある。灯篭の好きな人がいて、ほしい灯篭が出ると落としにかかる。その方は広島の郊外で大きな売り場を持ち、灯篭以外にも美しいものを山の斜面に並べ販売している。ある時、その売り場を何食わぬ顔で訪ね、その店で一番立派に見える灯篭の前で「この灯篭はいくらくらいするのか」と尋ねた。私はその灯篭を店主が70万円で落札したことを陰で見ていた。彼は「7,000万円だ。大変由緒ある貴重な灯篭だ」と自分で勝手に作った物語を付けて説明してくれた。私は開いた口が塞がらなかった。石屋は相手によっては平気で吹っ掛けてくる。数年に1人でも物語を聞かせ、あぶく銭を持つ「カモ」に巡り合えればいいわけである。

16. 石とは私にとって心を豊かにしてくれる存在であり、物言わぬ師である

　私の本業は医者で、医師として、医業者である種の達成感を覚え、偶然出合った石のとりこになり、お付き合いをしながら余生を過ごさせていただいた。以下は私の石に対する想いを思いつくまま、まとめたものである。

① 神と石

　「人は神が作りたもうた」と多くの宗教は説く。そうだろうか。石と接し、石から森羅万象を教えられ、色々と考えさせられた。私は仙石庭園の石に秘かに以下の文章を刻み込み残している。「人智の結晶　神仏は人と共にある　石は地球の一部　宇宙と共にある」宇宙を漂う彗星に神はいるのだろうか。

　人間が生きる知恵として、形而上の産物として神を作り、人間が勝手に「神とはこんなものだ」と物語を作ったのだろうと石は教えてくれる。私も人並みに死後入る仏壇を準備している。その仏壇の最奥の"奥の院"にはお気に入りの石を据えようと秘かに決めている。

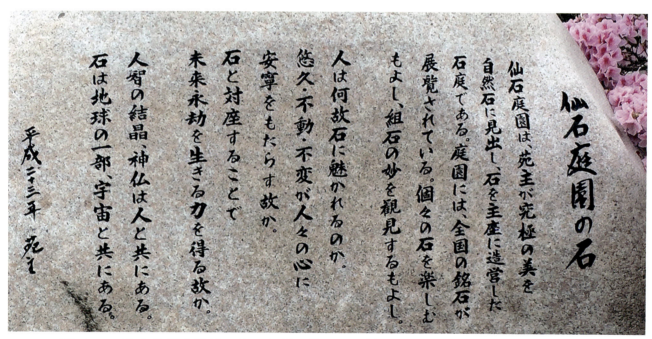

写16-1：作庭作業も佳境に入った頃、私の石に対する思い入れを彫り込んでいる。

② 石と私

　石は私にとって格別の存在だ。石に出合うまで熱心に収集していた備前焼、その他の焼き物、絵画を中心とした美術工芸品が、石と接するようになり、急に色褪せて見えだした。石の質量感、不動の象徴の前には軽い存在になっていったのである。石はそれ自体存在感があり、中国のことわざに「窓前に清らかな一石があれば高士を選んで友とする必要なし」とある。即ち、石は我々に森羅万象を示し、語らず教えてくれる存在である。

　石と、それも巨石と二十余年格闘していると私の心の軸がぶれなくなった。周囲の諸々の存在が小さく頼りなく見え、石から"気"を受けているためか、怖いものがなくなってきた。逆に自分の心の内を見透かされていると感じることもある。

写16-2：伊予西条より瀬戸内海に注ぐ加茂川の青石。石英が美しい。
長らく京都住まいをしている間、苔、カビで黒化しているのが伊予青石である。

　昔からの何事に対しても正面突破に磨きがかかり、自分がやっていることに間違いがないことを確信すると、如何なる抵抗にも敢然と立ち向かい、意に介さなくなった。20世紀初頭の哲学者　矢内原伊作は"石との対話"の中で「石は抵抗する者の姿であると同時に、それ自身安らいでいる堅固な者の姿である。そこには戦う者の緊張感と、戦いに勝った者の安らぎがある」と語っている。矢内原氏がどのようにしてこのような境地になったのか知りたいところである。

　石に行ったらお終いという言葉がある。私は石に行き、眼前に色々新しい世界が開けてきた。石は終わりではなく始まりであると実感したことが多々ある。石の前に行くと、自分が小さく頼りなげに思えることがある。全てを見透かされていると感じることもある。石を愛でる者は謙虚でなければならない。

③ **中国山水画の世界**

　唐代
- 山（石）は剛、不動の印、男である。水は柔、変化の象徴、女である。
- 山水世界は一体のもので、中国庭園では湖水と共に築山（仮山）が必要。築山の代わりに石が使われるようになった。
- 岩山のほとりの庵の前には奇石を配し、賢人の象徴として奇石が定着

　明代
- 花は人の心を風流にし、石は人の心を鋭くする。
- 窓前に立派な石が清らかに座していれば、高士を選んで友とする必要はない。

　清代
- 花は人の心を楽しくし、石は人の心を泰然自若とする。

※本項は仙石庭園を訪れた高名な岩石学者 加賀美英雄先生の文献から引用

④ 日本文化と西洋文化

　日本の芸術の多くは刹那の文化であると言われている。束の間の命を愛でる生け花、一期一会のお茶席、即興的に詠まれる俳句など、日本の庭も季節の移ろいを表現し、決して永生を求めない。それに対し、西洋の庭園は植物を幾何学模様に刈り込み、いつ見ても同じ姿を求める。

写16-3：樹木を幾何学模様に刈り込むヨーロッパ式庭園

　仙石庭園は石を主役にした結果、日本庭園でありながら西洋的普遍性も兼ね備えている。しかし、これは私の本意ではなく、庭園に変化を求めつつその中に不変の石を配置したに過ぎない。しかし、ある意味仙石庭園は日本庭園でありながら、西洋庭園の要素も持っているとの表現が適当かもしれない。

17. 仙神大滝 ― 七色の虹の大滝の造成

　2015年、庭園最奥にある高さ15mの里山に念願の大滝を作る機運が熟した。作庭当初より里山の壁面に将来滝を造りたいという希望は持ち続けていた。当園出入りで、広島県下では並ぶべくもない庭師と評価している中村正満氏にお願いし、快諾していただいた。彼は近くの県立三景園の大滝を造った経験を持っていた。直ちに同志である大型ユンボの名手藤井弘氏、レッカーの名手上田勇氏の3人が揃い踏みし工事にかかった。私は作庭の過程で難工事、大工事には全て3人にお願いをしてきた。私は300トンの伊予の青石、赤石、紅簾石、紫雲石他多数、20トンクラスの巨石5石を運び込んだ。山の斜面をほぼ垂直（60～70度）で掘り込み、石の積み上げによる土圧を支えるため、手前に20トンの巨石を二重三重に配置し、壁面には石の上に石を置き、がっちりと噛ませ、山との間にはコンクリートを充填し、見事な大滝ができ上がった。全体はアーチ状で水の流れる面に紅簾石を配し、鮮やかな赤が浮き出るよう工夫もした。高さ

15メートル、水量1㎥/分の見事な滝が完成した。図面もなく、自ら石を選び、ワイヤーの掛け方まで指示し、完成した滝の水の流れ、水の割り方、どれをとっても見事の一言である。まさに名人職人技の極致である。このようなカラフルな石による"七色の虹の大滝"は世界広しといえども恐らくないであろう。

写17-1：完成した仙神大滝。世界唯一無二である。

写17-2（右上・下）：山の斜面を急角度に削り込み、石の上に石を置く工法。山膚との空間はコンクリート充填（中村正満氏 作）。

18. 広島県知事以下自治体の長を招いて披露宴を盛大に行った

　話は遡るが2009年秋、下段の庭、上段の庭、奥の院約2ヘクタールの造営が大方完了した。当時庭園の目玉は銘石奇岩通りと上段の仙石富士、仙石湖、奥の院、昇龍庭などであった。目先の目標は一応達成したので、周囲の勧めもあり披露宴を盛大に行った。会は大盛況で、広島に新しい名所ができたと皆さんに喜んでいただいた。しかし、これを契機にこれ以上の仙石庭園の拡大を許さないとする抵抗勢力が立ち上がっていたことに、この時点では気付かなかった。

19. 姿の見えない厚く高い壁を前に立ち尽くす日々

　2000年頃、工事に着工し、約10年間何の問題もなく作庭工事は進んでいた。最後の奥の院工事は道に沿っての工事であり、私が大庭園を造っているということが世間に知られるようになった時期でもある。夜間、違法残土が捨てられるような、人も寄り付かなく辺鄙な場所で、昼間人の姿、自動車を見ることもなく作庭ができていた。

写19-1（左）：
桧皮葺きの屋根。
景観にマッチしている。

写19-2：
消防法とかで鉄板製に変えさせられた東屋。涙!!

『火の気ない山奥の一軒家　法の網被せし行政の心や貧し』

　2010年のある日、市の建築指導課の呼び出しを受けた。私が出向くと部長、課長以下厳しい表情で待ち受けていた。「先生、あの土地は市街化調整区域で農振をかけられているのをご存じですか。東屋、トイレは違法建築です」と言い出した。10年前に建てた小さな桧皮葺きの屋根を持つ休憩所に対してである。私にとっては青天の霹靂で、庭園を造り見学に来られた方のためにと思い、市内の大手建築業者と相談して問題ないとのことで建てた建物であった。「今さら何だ」と私は逆に文句を言った。

　彼らは「私共も知らなかったから、今日こうして話しているのです」と言う。私はその時まで恥ずかしながら"市街化調整区域"という言葉も"農業振興地域"という言葉も知らず、当然その意味もわからなかった。私が庭を造っている場所はいかなる建造物も作れない場所だと言われた。築庭を始めて10年過ぎてからの話である。余談であるがその間、固定資産税はきっちり請求されていた。「それでは小便は、大便はどこですればいいのですか」と次元の低い話を大声を出して、市役所内で言い合ったことは一度や二度ではなかった。彼らも困り、二言目に

は「法律ですから」と言う。私は「法律は人間が快適にこの世に生活するためのでしょう。あそこに東屋を作り、トイレも作って誰が困るのですか。誰が迷惑を受けるのですか」と応じた。彼らとてあれほどの違法残土を数十数年間に渡って放置し、そこを整地し、庭園化している者に対して強制執行もできないことを承知していての話である。

　行政は市内に同じ法規制のかかった場所でキャンプ場を作り、山を削り、谷を埋め、自由にやっている。何度か会っているうちに、結局今回は口頭注意だけとケンカ両成敗の形で決着した。しかし、その後忘れていた頃、文書であの場所は火災条例で桧皮葺きの屋根は違法ですので、不燃性材料で葺き替えてくださいとの指示を受けた。行政は何とか一矢を報いたかったのだろう。私は屋根を鉄板性にやり替えた。何とも情けない話である。

　米国では、税金で生活する者は税を納める民に奉仕しなければならないと法律でうたわれている。すなわち公僕である。我が国は江戸時代の代官感覚が厳然と残っているお国である。

20. むくり屋根の正門を建造

　ある時、ウズベキスタンから来られたお客様がお帰りになる時、「すごい庭だ。感動した」との言葉の後、「何故これほど素晴らしい庭園に門がないのか」と真顔で尋ねられた。「私の国では門は最も大切なものです」とも言われた。私は言葉に窮したがこのことが頭から離れず、その夜一晩考え、「役所から文句を言われてもいい。門を作ろう」と決断した。以前からむくり門を作りたいとの思いを温めていたので、広島県下でそれができる業者に発注した。私の思いは受付の小部屋を備えたものをイメージしていたが、二歩も三歩も引いて、柱だけの構造にした。相談に行けば「駄目だ」と言われるのは明白であった。

『90近い老師の庭　法の定めは一時のもの
　　　　　我が許可して文句あるかの"特例"もほしい法治国家』

写20-1：神石殿入口むくり門、貝塚の巨木でお化粧されている。

21. 神石殿の造営を計画

　2017年頃、トイレ騒動の余韻がいまだ残る中、庭石の登録博物館を造ろうと考えていた。それほど素晴らしい国家財産級の石が多数集まってきていたからである。

　たまたま遡ること3～4年、岡山県の1000年の歴史ある神社の巨大杉のご神木を神社庁の許可を得て6本もらい受ける幸運に恵まれた。山より切り出し、厚い皮を竹へらで剥ぎ、日陰で自然乾燥していた。直径1メートルを超える材を扱える製材機が広島県にはなく、徳島県にあると聞き、徳島まで運び、製材し、柱・板にし保管した。博物館を建てるためであった。

　ダメもとで市と博物館建設の交渉をしたが、案の定「不可能です」とのつれない返事であった。当時の市長にも会い、「仙石庭園は大きな観光資源ですよ。市の将来のためにもなります。大所高所からご判断ください」とお願いしたが、市長も言を左右にし、いい返事をしなかった。菓子箱ひとつ持たずお願いしたからかもしれないが。私は自分の内に激しい怒りと反抗心が沸々と湧いてくるのを禁じえなかった。80歳になろうという老人がである。「それでは"民"は何もできないではないか。純粋に世のため人のためにやってきた。行政からびた一文いただかず、自分の財布をはたいてやってきた。行政がやれば特例と称して何でもできる。どこか間違っている。戦わねばならない」と強く感じた。

写21-1：仙石庭園守護神。
右の青石は四国の結晶片岩青石。それを支える赤石は京都紅加茂石。芝菊で美しく装われている。

写21-2：目通し1.5メートル、根元直径1.8メートル、樹齢400年の杉の巨樹。歴史的瞬間。

写21-3：2〜3ヵ月かけて竹べらで杉の巨木の厚皮を剥ぎ自然乾燥。

写21-4：このような神社のご神木を6本切らせていただくという信じられない幸運に恵まれた。自然乾燥し、徳島で製材し、神石殿を完成させた。奇跡である。

写21-5：豊北木材の平田栄二君と出会い彼に全て任せ、巨樹にのみを入れた。

写21-6：壮観を極めた神石殿の立ち上がり。

それからは時間を作っては建築指導課、開発指導課に行き、「法律も人が作ったものでしょう。また、時代で変わるものでしょう。私は待つ時間がない。今私のやっていることは"民"が頑張って荒廃した地に庭園を作り、市民の憩いの場となるところですよ。お金を出せと言っているのではありません。博物館を作りたいとお願いしているのです。誰が困り、誰が迷惑を受けるのですか。あなた方はダメだというのが仕事ですか。いい話なので、こうすれば現行法の中でできますよと知恵を出すのもあなた方の仕事でしょう。必ず道はあるはずです」と執拗に迫った。

　渋る相手に強引に面談を求め5～6回通った時、部長と課長が額を寄せ合って「農家なら納屋はできますね」と小声で話しているのを耳の少々遠い私は聞き漏らさなかった。「わかりました。その線で行きましょう」とその場で決めた。早く言ってもらいたい一言であった。

① 1年間農家になって納屋を建築

　農家は市街化調整区域、農振地域でも年間15万円以上の農作物を納めていれば、納屋を建てる権利があることを知った。早速空いた土地に作物を作る準備をし、種を植え、イモ類を作った。近隣の農家でこの人と思う人に相談もした。彼は「よし、お手伝いしましょう」と言って、私が作った分に彼の作物を私名義で加え、15万円以上農協に納めた。翌年、私は無事、納屋を建てる権利を手にした。

　世の中の意欲ある人々は役所のがんじがらめの規制で何もできず大変困っている。取り合ってもらえないので、皆さんやめるか、勝手に無届で建築物も作っている。そうしなければ何もできないからである。"民"と"官"の間には別の法律があるようだ。

② 納屋を博物館に転用する

　登録博物館法では、255㎡以上の建物が必要とのことで、256㎡の風呂なし台所なし、しかし座敷、床柱付きの和室のある今風の納屋を建てた。農具を入れ、納屋としても使い、博物館としての物品も入れ、3年後に用途変更し農機具を出して、正式に博物館とした。今の神石殿である。庭園を完成させるのに1/4世紀を要した意味がおわかりいただけたと思う。ある方が言った。庭造りも格闘技だ！！

写21-7：
神石殿内の原石展示棚。

写21-8：座敷内の楓系樹木の変木床柱、これに匹敵する床柱があれば知りたい。厚さ25㎝の屋久杉座卓、杉厚板の垂れ壁。圧倒的な存在感がある。お客様はここで殿様気分でお食事を楽しんでいる。

写21-9：神石殿内の巨木構造。主柱は目通し1メートル

ノミは宮大工の経験もある大工の平田栄二君に任せた。彼の仕事は素晴らしく、1年余りかけ、これだけの巨木殿を寸分の間違いもなく組み上げた。見事な仕事ぶりである。

22. 白馬の騎士現れる

　当時の市長、市の一部の部、課が仙石庭園に対し、これ以上拡大させまいとする態度ははっきり見て取れた。私にとってはこれから進める工事に支障をきたす恐れが出てきた。しかし、世の中はよくしたもので、その市長はその後まもなく収賄がらみか不明の理由で突然辞任した。日ごろ政治に関心のない私も、新しい市長を応援することで市役所内の空気は変わり、懸案であった庭園内の江戸時代から構図上に残る水路、里道も全て買い上げて整理ができた。庭園内の残されていた法的問題も全てクリアされたわけである。

　仙石庭園はいまだ荒削りであるが、来訪者の方から「すごい」「感動した」「歴史を刻む文化遺産として残してほしい」とのお褒めの言葉を多くいただいていた。私は人様の評価など考えず、自分の好む"美の空間""憩える場""静かな感動を覚える庭園"を目標に20年間工事をしてきた。

土地、建物の問題には心底悩まされ、情けない思いもしてきたが、完成を見た今、そのようなことは全て忘れた。私は人生の後半生をお世話になった広島県に、文化の起爆剤を一つ残したことで十分である。

23. 北園の造成

　最後に残された大きな仕事があった。仙石庭園に隣接する北側約1ヘクタールの放置されたザブ田（湿田）を造成して庭園の一部にする作業であった。これは作庭当初から決めていたことで、土地の持ち主から使用許可をいただいていた。しかし、所有者が認知症で決定が遅れた。

　早速図面を手書きし、中村さんをはじめとするいつものメンバーに加わってもらい造成にかかった。ここは東半分がヘドロで西1/3が真砂土であった。まず大量の砂利を投入し、強固な運搬道を作るところからスタートした。真砂土の部分を大きく深く掘り下げ、真砂土を大量に採掘。そこへ大量のヘドロを埋めた。北側の山より出る十数本の水脈を掘り当て、これらをパイプでヘドロを除去した湖沼予定地に誘導する作業に半年を要した。

写23-1：北園はザブ田。ヘドロを穴に埋め、
　　　　　排水工事から始めた大工事。

写23-2：不帰洞の工事。
　　　　　巨石で組まれている。

写23-3：銘石を使った池の護岸工事。
　　　　　一日平均10メートル以上のスピードで進めた。

写23-4：伏龍湖で鯉に餌を与える苑主。

東半分に湖沼を作り、西半分は芝広場にすることにした。湖沼の護岸は二条城の小堀遠州の仕事に勝るとも劣らない銘石の巨石をふんだんに使い豪快に仕上げた。西の広場は公園的要素を取り入れた。全体として従前の庭園には見られない開けた空間と豪快な湖沼のコントラストは未来志向の日本庭園になったと自負している。伏龍湖護岸は2000〜3000トンの色彩豊かな庭石が用いられ、これらによる豪快な組石は世界唯一無二と言っていい。

写23-5：北園のパノラマ写真―現代の極楽浄土。中央の島は亀島。
　　　　 手前に巨大な伊予赤石の亀石、松をあしらった。

24. 2023年、4ヘクタールの地球誕生のドラマを紡ぐ岩石日本庭園が完成

　庭園の未来永劫の命脈を保つべく組織を整備した。庭園で使われている石群は大変立派な庭石が多く、我が国の宝、文化遺産として未来永劫残す必要があると感じ、2020年9月文化庁の出先機関である広島県庁に博物館申請を行った。審査員は「何の問題もありません」と100点満点で庭石登録博物館に相応しいと判定してくれた。ここに、我が国で第一号の庭石登録博物館が誕生し、2020年12月異例のスピードで文化庁より正式認定を受けた。2021年税法上の優遇を受けるため公益財団の申請を行った。これも申請後3ヵ月で2022年1月総務省の認定を得た。このことで仙石庭園は、法律上日本国が存続する限り、持ち主は変われど未来永劫続く庭園となった。私の願望が実現した瞬間であった。

　20年余り庭園造りに関わっていると、立派な庭園が時代の波に勝てず、また相続の問題で取り壊されていく姿を多く見てきた。私はそれだけは避けようと、庭園を国に寄贈した。国家財産級の庭石が散逸するのを防ぐのが目的であった。当面の管理は私共がやらねばならない。私共の手に余れば第三者で管理してもらえばいいとの考えである。

　2023年12月、庭園入り口の駐車場に接し、30トンの広島県石である花崗岩の標識を立てた。この年をもって仙石庭園は完成した。振り返ると、2000年頃向原の流紋岩を大量に入手し、石に惚れ、石の虜となり、さらには色石に気を移し、時代の流れに助けられて大量の銘石も入手、社会の仕組みと人間模様により進捗は遅れたが、私が思い描いたイメージに近い庭園の作庭に

専念できた二十余年であった。私流のやり方で過去の庭園と異なる空間形成を目指してきたのが仙石庭園である。素材に負うところも多々あると思うが、山紫水明、花鳥風月の"現代の桃源郷"が再現できたと自負している。

写24-1：2023年12月完成を機に30トンの標識石を設置。苦楽を共にした家内との2ショット。

これだけの庭園を25年に渡って作り続け、その間文句ひとつ言わず支えてくれた家内は、世界一の賢妻であると心底から評価している。

石を主役としているので、数百年数千年経ても全体の構造はそのまま残るであろう。後は植栽をどう管理するかである。いずれにしても、今後我が国でこれだけの美しい豊かな庭石を使っての石庭はほぼ不可能である。庭石は有限の資源である故である。その貴重な庭石がどんどん海外に出て行っている。二度と戻ってはこないであろう。大切にしなければならない。仙石庭園はその役割の一端を担った。私はこのことを心底誇りに思っている。

25. 地球の庭と言われる仙石庭園の 唯一無二性を拾い出してみよう

　日本庭園は本来自然の写しであること、場所が狭い故、すべてを縮小、縮景とし、限られた場所で多くの植栽を楽しむため、著しく刈り込み、大きくさせず、その上、石、樹木を遠くに運ぶこともできず、地場の山川の素材で作庭をしてきた。その行き着いたところが盆栽であろう。

　仙石庭園の造営は田舎の里山に囲まれているとはいえ、広大で、借景も利用でき、庭園素材も北は北海道から南は沖縄までの庭石、樹木が使われている。したがって従前の庭と比べ、多様性に富んだ庭園造りができたわけである。特に使用されている庭石の多様性は特筆すべきで、他の庭園では見られない異次元の景観を作っている。これこそが地球の庭、唯一無二の庭と言われる所以であろう。

　仙石庭園の唯一無二性を拾い出してみよう。

① **作庭の動機と築庭方法が独特 ― 庭造りの全ての段取りは私一人で行った**

　　我が家に庭を作った時、ともに仕事をした石職人、レッカー職人、病院の営繕の職員で、5～20トンクラスの巨石を扱った。図面は私が簡単な手書きで、石職人、レッカーの運転手が私の指示の下、手際よく石を置いてくれ、瞬く間に二か所に石庭ができ上がった。評価は高いものだった。この間私は庭園の企画・設計、庭石・樹木の購入、職人の手配、さらに配石、植樹も行った。大方のプロセスは私一人で段取りをし、作業を進める習慣はこの時始まった。

② **バブル崩壊後の特異な時代背景下に全国から銘石が仙石庭園に集積**

　私が作庭を始めた2000年頃は、日本のバブル大崩壊から10年余り過ぎていた。それまで耐え頑張ってきた造園業者も体力を消耗し、姿を消していく状況を身近で多く見ていた。2015年頃よりその傾向は顕著となり、私が大庭園を造っているとの噂は広く知られるようになり、私のところにはあの山に500トン、この広場に300トン、あの有名庭園も潰してマンションにするというので500トンと庭石が舞い込むようになった。それはおびただしい量であった。こんなことは通常あり得ないことである。

③ **銘石奇岩通りには品格の高い庭石を据え、"景"とした**

　庭園造りも佳境に入り、手元にはおびただしい庭石が集まっていた。石は主石クラスの石が多くあり、個性が強く品格もあり、他の石との組み合わせを拒む銘石も多数あった。私はそのような自己主張をする銘石、巨石をどう扱うかにずいぶん悩んだ。最終的には美人コンテスト並みにそれら各石を道沿いに並べ、背後と石と石の間に植栽をすることで装い、石をお互いその妍を競わせる手法を取った。石の美石コンテストである。私が大切にしていることは、道すがら素晴らしい銘石に直接手で触れ、その感触を通して石の由来に想いをいたし、地球のダイナミズムを直接感じてもらいたいということであった。（24ページの写真参照）

④ **土地の入手方法が独特 ― 周辺部を逐一買収し、4ヘクタールの庭園とした**

　通常4ヘクタールもの庭園は、当初より役所か依頼会社から土地を一括して提供をされ、入札者はブルーシートに全体図面を描いて競合入札し工事にかかる。石庭園は完成時4ヘクタールであるが、当初は300坪の庭園から始まった。構想が膨らみ、周辺部で土地を譲ってくれる方と逐一交渉し、1反、3反、5反と追加していった。二十数年間細切れの土地を集め築庭し、よくぞまとまった庭園構成ができたと我輩ながら感心している。

⑤ **庭園は全体図面がない状態で作庭工事をスタートした**

　土地が細切れに入ってきては拡大の連続であり、したがって全体の図面を持たずに作庭を進めた。今ある全体図はでき上がった庭園を模写したにすぎない。

⑥ **市街化調整区域、農業振興指定地域に合法的建造物、庭園を造った**

　私が当初求めた土地は8反5畝で、40～50年間放棄されており、田の中には樹木も生えていた。近くには違法残土も山のように、夜間捨てられる場所であった。

　しかし、ここは市街化調整区域であり、農業振興地域の網がかけられている場所であるということを10年過ぎた頃知らされ、私はその言葉の意味すら恥ずかしながらその当時、知らなかったし理解していなかった。

　何もできないのである。そこをクリアした方法は70ページを参照されたい。

⑦ **1000年の歴史ある神社の御神木を使って総杉造りの"神石殿"を合法的に建造**

　岡山県新見市の山中に千年の歴史を誇る日尾山八幡神社がある。そこは樹齢300～400年の巨杉で囲まれていた。近年近くに住宅地ができ、台風が来ると枝が飛んでいくらしい。住民は氏子であり、神社側が神社庁に伐採許可を依頼し、5～6年待ってやっと許可をいただいた。

　厳しい役所の考えを知った上での神石殿建造の発想である。嫌がる相手と折衝を重ね、農家なら年間15万円以上納めれば納屋の建築は可能だという。私は1年間農業をやり15万円の作物を農協に納め、納屋の建築許可を得た。納屋は3年経って博物館に転用して、無事目的

の博物館を手にした。(71ページの写真参照)

⑧ 高さ15メートルの七色の世界で唯一無二の虹の大滝を築造（仙石八景）

当初より庭園最奥の里山の壁面に滝を造りたい希望は持っていた。広島市在住の中村正満氏が「やりましょう」と快諾をしてくれた。石の積み上げによる土圧を支えるため手前に20トン級の巨石を数個配置し、奥の山の壁面をほぼ垂直近くに切り込んで石の上に石を置き、山との間にはコンクリートを充てんし、見事な大滝ができた。全体はアーチ状で水の流れる面に紅廉石を配し、鮮やかな赤が出るよう工夫もした。高さ15メートル、水量1㎥/分の見事な虹の大滝が完成した。仙石庭園最大の見所の一つである。

⑨ 園内随所に見る組石の妙は独得

庭園入口の昇龍庭は、砂谷石組石を中心とした枯山水である。堂々たる組石、天を衝く中央の立石、絶妙のバランスである。このような組石は当園には随所に組まれていて、重要な「景」を成している。

私は組石のヒントを旅先の風景に求めることが多い。中国黄山を旅した時の印象、秋の東北地方、リアス式海岸に見られる島嶼の美しさなどのイメージを組石にした。当園の組石にはリアリティがある。考えて組まれた組石は人工的で迫力がない。奥の院に人型組石と称される神の手が組んだといわれる組石は偶然の産物だ。このような組石を主要景観としたのが仙石庭園である。

⑩ 北園"伏龍湖"の護岸は京都仙洞御所の小堀遠州の手になる池の護岸に劣らない

2021～2022年にかけて、コロナ大流行中にもかかわらず、私共は庭園北の約1ヘクタールのザブ田を庭園に変えた。

困難な工事には来てくれる藤井弘さんの大型ユンボが沈むほどの沼地であったが、まず大量のバラスで運搬道を作り、西側の真砂土の部分を大きく掘り下げ、真砂土を大量に採取し、その穴に東側から出たヘドロを埋める作業を繰り返し処理した。北方の山からの地下水脈を探し出し、パイプで東側の池に誘導することで整地を終えた。半年の月日を要した。東側の池は、南に強固な堤防を築き、池の中央に亀島と称する小島を造った。これらの護岸造りは中村正満さんが3000トン近いカラー石の巨石で見事に仕上げた。伏龍湖と命名した。出来栄えは二条城の護岸に勝るとも劣らない見事なものである。

⑪ 開放感、異質感のある異次元の庭園

我国には群馬県の三波石峡に端を発し、和歌山、四国から九州に抜ける中央構造線が走り、その南側には三波川変成帯が走っていて、カラフルで明るく美しい我が国固有の石を多数産出している。仙石庭園にはこれら石が多用されている。まさに地球の息吹を感じ取れる庭園である。

江戸にあった大名庭園は庭石を三波石峡に求めた

三波石は三波四十八石と言われカラフルで美しい庭石で、江戸城の大名庭園の多くは、これらで造られた庭園であったろうと考えている。長い年月で石は汚れ、黒褐色化したのだろう。シュウ酸で洗うか、砂をぶつけて表面を削り生地を出してみてはいかがだろう。仙石庭園が再発見されるかもしれない。

⑫ **段差ある地形を利用して生まれた、池泉回遊風景展開式日本庭園**

　当園は上段、中段、下段の地形を巧みに利用して回遊するよう構成されている。京都の後水尾上皇の発案になる修学院離宮と比較される。もともとここは段々畑であり、最初中段から作庭にかかり、上段に伸びていき、最終的に下段の庭で終了した。

⑬ **庭園と隣接した100年後を想定した「仙石四季の森公園」の植樹を行っている**

　庭園南に約2ヘクタールの土地が隣接している。1970年の大阪万博跡地の森林公園に倣い、そこに樹木を植えて30〜50年先に疎開林、散開林を計画している。完成すると、庭園と巨樹の森林が一体化した空間ができる。森林部分は芝も張り、キャンプも楽しめよう。家族で休みには終日過ごせる憩いの場となろう。これからの地球温暖化の一つの対応策でもある。このような日本庭園と鎮守の森が一体化した空間は私の知る限り我が国にはない。

写25-1：若木が2024年から移植された。100年後は巨樹の森となるであろう。

岩石学には庭石を扱う部門がない！

庭園は癒しの場であり、憩いの場である。加えて多忙な日常生活から避難し、精神の浄化、追夢の場である。そのお庭の主役は石である。加えて美しく剪定された樹木、草花がある。

石が最も身近に置かれる場所は庭である。庭師は石を扱うが、岩石学にはまるで無関心。同様に岩石学の専門家も石が主役の日本庭園、庭石についてはほとんど関心を示さない。庭は絵空事とも言われ、精神文化の世界。岩石学は自然科学ではあるが、最も身近な庭石にも関心を持つべきではないか。私が25年間作庭にかかわった過程で体験した実感である。私が生まれ変わり岩石学を専攻すれば庭石学部門を地球岩石学に創設するであろう。

26. 仙石庭園の継承と今後の維持管理

　作庭すること自体は楽しく、面白く、創造の喜びがあり、資金さえあれば難しいことではない。お金と時間をかけ、自分の人生をもかけた庭園が、その規模も大きくなり、世間の評価も高くなれば末永く残したいと思うことは当然の成り行きである。その頃は年齢を重ねているし、お金も使い果たしている。維持管理にお金はそれなりにいる。「さあどうする」となる。

　街中にあり、正門から入園料を払ってお客様が多く入れば、入園料だけで維持できる場合もあるだろう。これは理想であり、それが可能なところは少ない。多くは自治体頼りで、自治体から相当量の維持管理費を出してもらって管理しているケースが大部分であり、その場合問題はあまりない。民営の場合、作庭の過程で支えてくれた母体がいつまでも元気であるという保証はない。そこで、元気なうちに庭園をより周知させて集客に努めるか、組織を公的なものにするか、副業を育て、そこから幾ばくかの収入を得て正門からの収入にプラスする方法くらいしかない。

① **正門からの収入を増やす**

　　仙石庭園は地理的に難しい場所にある。加えて日本人の日本文化離れが著しく、言うは易く行うは難しだ。インバウンド客の増加に期待するしかないが、彼らには足がない。管理会社が乗客輸送業の資格を持てば、自ら各地より誘客できるとも期待している

② **副業**

　イ）レストランを充実し、観光バスが立ち寄りやすくする。食事は美味しくなければならない。建物だけでは食事には来ない。

　ロ）物販販売を伸ばす。相手に不快感を与えないセールスポイントを養うこと。

　ハ）イチジク、今後はトマトやブドウ栽培を行う。そのため、元気なうちにハウスを1棟増やす。同じ作るのなら名人芸の域に近づいてもらいたい。仙石庭園発の果物は宝石のようだと言われると嬉しいだろう。

写26-1：バーベキューは雨の日にキャンセルが多い。これを避けるため木製の屋根を設置。

写26-2：子供たちの遊ぶ姿は希望を与え、頼もしい。

写26-3：庭園に隣接する山中に天然芝のフットサル場を開設。庭園の維持・管理のため。

ニ）バーベキューコーナーの利用拡大のため、屋根付きサイトを10棟作る。食材の提供も行う。外部組織と連携を行い集客。しかし一番大切なことは、周辺を小綺麗にし、雨が降るとこうしてくださいとの細やかな気配りだ。

ホ）フットサル場の入場者増。会計管理を明確に。ここは公益財団法人だ。

ヘ）庭園管理は外部の専門業者に外注することで、庭園の人員増は極力抑える。昭和世代は何でもやった。平成、令和の日本人はどうか。残された仕事は簡単な管理仕事が中心。しっかりとお願いしたい。

ト）イチジク園

　これら全てで年間1000万円の収益が出ると、庭園管理は格段に行いやすくなる。

写26-4：黒イチジク（ビオレソリエス）、ドーフィン、日本イチジクなど1反5畝で栽培している。

③ 仙石四季の森公園造成に着手

　南の広場を森林キャンプ場を目的に植林を行う。気の遠くなる話だ。30年、50年樹木の管理をし続ける。木は一日に大量の水を吸い上げることを忘れないよう。

写26-5：吉村元男氏の手になる1970年大阪万博跡地のニレの散開林。仙石庭園南に50年後の姿を想定して植林している。

写26-6：仙神大滝、北園の造成などの難工事を行った。左より石を扱う藤井弘氏、私の信頼するトップ庭師中村正満氏、レッカーの名手上田勇氏にお願いした（左から2人目が苑主　山名征三）。

27. 仙石庭園の庭石（銘石）とその産地

28. 仙石庭園内の主要な銘石・庭石（岩石）一覧

（2022年1月現在）学芸員 沖村雄二責任編集

野外展示である銘石・庭石・庭園について、本園の特徴をまとめて記載

※詳細産地が不詳の四国の石は、
「伊予」（愛媛の業者から入手）と仮称。

No.	石等の名称	産地	コメント
1	駐車場個石群 神居古潭石	四国三波川変成帯 愛媛県と 京都加茂川源流域	青石（緑泥石片岩）を主体とするヨーロッパアルプスを想像させる小庭園"枯山水" 灯台を思わせる伊予青石（siliceous schist）と京都紅加茂石（red chert）の組石"仙石灯台"。後者は、海底火山の溶岩流の形態を留めている"玄武岩"質枕状溶岩（basaltic pillowlava）
	神居古潭石 伊予赤石	北海道 四国	"油石"濡れると黒色の光が油状光沢（橄欖岩：peridotite） 赤色珪質片岩（red siliceous schist）、糸掛け状石英脈群の発達がきわめて顕著
	議員石	広島県倉橋島納	議事堂と衆参議院会館外壁に使用、ピンクのカリ長石・黒雲母花崗岩（biotite granite）
2 (57P)	志布志湾 甌穴石	鹿児島県	姶良火山起源の火砕流堆積物（pyroclastic sediments）、桜島火山は外輪山の南縁。安山岩質、軽石などを含む。または軽石凝灰岩、菱田川河口で形成された甌穴群（potholes）
3 (31P)	砂谷石 佐治石	広島県湯来町 鳥取県佐治町	玄武岩（緑色岩 green rocks of basaltic rock）、磁鉄鉱を多く含む箇所がある。この庭石を産する広島市北西部地域の地質は、ジュラ紀付加体の海底火山の岩石と、砂岩・泥岩で、広島型花崗岩の熱変成作用を受けている。 原岩は古生代後期の海底火山（玄武岩質岩）
	伊予青石	四国三波川変成帯	青石（緑色片岩 green schist）
4	深海成泥岩	?	深海成の断裂した赤色チャート（deep sea origin chert）層は、ウミガメを想像させる奇石
5	伊勢鎧岩	三重県南伊勢町	縞状チャート（bedded chert）の複雑な変形・褶曲。海底地すべりが原因の層理面の不連続が特徴、21トン、秩父帯

No.	石等の名称	産地	コメント
	芯柱基礎の泥質岩	産地不詳	粘板岩（層理面に斜交するスレート劈開が顕著 slate cleavage）個石だが、花崗岩の形成が高温環境では流動していることを示す縞模様が観察される
	横にある花崗岩	同	
特(69P)	神石殿	岡山県	2011年、新見市哲西町上神代の日尾山(ひのおやま)八幡宮（1000年頃に朝命により武士名越常陸守が手勢を率いて出陣した。それに先立ち大和の国の男山（石清水）八幡様に戦勝祈願した。当時猛威四隣を圧する勢いがあった強敵金倉源吾を首長とする賊徒一党を相手に、ご神威により連戦連勝して見事に討伐できたので、大変感謝して、同八幡様のご神霊を祀って建立した神社）のご神木の杉を（最大木は高さ34m、幹直径2.6m）伐採した。千葉県在住の針谷菊夫氏の設計、2014年から1年かけて建設した。
	神石殿玄関左の伊予青石と紅簾片岩	愛媛県 徳島県	三波川結晶片岩（sannbagawa schist）。紅簾片岩（piedmontite schist）の産出は、日本特有と言えるほどの銘石で、濡れた時の紅色は世界的に有名である
	菊花石	岐阜県根尾村	玄武岩（basalt）。珪酸塩石英（quartz）質鉱物が放射状に晶出し、その断面が菊の花の紋様
10	伊予赤石	四国三波川変成帯	赤色珪質片岩。深海底で堆積した赤粘土（red soil）が原岩
7	盆栽松築山の縁石	日本各地	三波"鳥巣石"緑色岩（green rock）などさまざまな岩石
	縁石、伊予青石	四国三波川変成帯	緑泥石片岩（chrolite schist）、文様が水流を思わせる
8(41P)	高知糸掛石	四国御荷鉾帯	縞状チャート（bedded chert）。深海底で堆積した放散虫（radiorarians）類の遺骸が起源。圧力により層理面に高角度の無数の割れ目に沈殿した石英脈
9	赤色縞状チャート	産地不詳	縞状チャートと石灰質岩の互層岩（alternation of chert and limestone）、14トン
11	灰白色縞状チャート	高知県	"高知糸掛石"。原岩のチャート（chert）層に見られる断裂構造が原因で、風化面の凹凸が激しく、"獅子"の咆哮する姿を想像させる銘石。ところどころに、河床礫がはまり込んで、一見、礫岩（gravel）に見える部分もある

No.	石等の名称	産地	コメント
13	伊予青富士石	四国三波川変成帯	緑泥石片岩（chrolite schist）20トンの富士山型巨岩。風化作用による表面の凹凸と結晶片岩（schist）特有の褶曲模様の組み合わせは、幾何学的に注目される
12	伊予青石	四国三波川変成帯	緑泥石片岩（chrolite schist）の上に白い帽子様の石英片岩が重なっている
14	伊予加茂川青石	四国三波川変成帯	緑泥石片岩。緑泥片岩層（chrolite schist）と白い珪質片岩（siliceous schist）層の繰り返し、その褶曲構造（folding structure）岩体を取り巻くように発達、全体として犯しがたい高峰を想像させる巨岩である
15	もみじ園入口	伊予青石	結晶片岩(schist)特有の微褶曲(microfolding)、片理面（schistosity）の観察に適した風化面が特徴
	入船出船庭	広島県	砂谷石による組石を背景に、前庭に羅漢石からなる入船出船を配している。お庭が富むよう入船は喫水が深い。出船は喫水が浅い
	入口標石（開園記念碑）	広島県滝山川	花崗岩（granite）、一般公開記念祝賀記念・県知事、広島市長、他招待
	流紋岩	広島県向原町	流紋岩質溶結凝灰岩（rhyolitic welded tuff）、高田流紋岩
17	軍艦石	高知県	赤色チャートと泥岩の互層岩（alternation of red chert and claystone）
16	もみじ門 伊予赤石	四国三波川変成帯	赤色珪質泥岩（red siliceous maddstone）
18 (57P)	甌穴石	鹿児島県志布志湾	火砕流堆積物（pyroclastic sediments）、安山岩質溶岩片（andestic rock fragments）や軽石片などを含む
24	高知紫雲石	高知県	緑色岩（green rock）。下半部は玄武岩起源の急冷破砕岩（rapid cooling clastic rocks of basalt origin）、上半部は方解石岩（"大理石" calcite/marble）で象の頭部を想起させる形。側石の大理石（sisde marble）は子象の形を思わせる
23	赤玉石	産地不明	塊状の赤色チャート（massive red chert）。異様な赤色は、恐怖を感じさせる
19	砂谷石組石	広島県湯来町	玄武岩（basalt）、緑色岩（green rock）、磁鉄鉱（magnetite）を多く含む箇所がある。濡れると風化作用による酸化物の色合いが美しい

No.	石等の名称	産地	コメント
20	紅簾石片岩	四国三波川変成帯	石英紅簾石片岩（quartz piedmontite schist）。緑色片岩（green schist）より強い圧力下で形成される奇石
21	長野亀甲石	長野県	花崗岩（granite）、圧力破断（pressure clacking）亀裂部の風化作用が原因と考えられる模様
	巨人の手水鉢	香川県（推定）	花崗岩（granite）。内田信也氏の須磨御殿から移動（庵治石と推定）
22 (60P)	枕状溶岩	四国	緑色岩（green rock）、枕状溶岩（pillowlava）の累重関係（superposition）を表していて、奇岩と言える巨岩。海水との反応で形成される構造。ガスの抜けた穴を埋める小さな方解石の散在は白ゴマを撒いた模様に似ている
25 (20P)	一夜庭	広島県向原町	流紋岩質溶結凝灰岩（rhyolitic welded tuff）高田流紋岩、節理面（joint）を利用した枯山水築山庭園
26	坪庭池泉庭園	組み石小滝園	鹿児島県甌穴石（pot hole）のある岩石、富士山の安山岩（andesite）、太湖石/China taikoの石灰岩、花崗岩（granite）の組み合わせ庭
27	巨人の沓脱石	広島県大和町	花崗岩（granite）。規模の大きな板状節理が特徴
28	大和の富士石	広島県大和町	花崗岩（granite）。板状節理（platy joint）とその斜方向に切った割れ目による富士山形庭石
	瀬戸の島々・平庭	広島県滝山川	花崗岩（granite）、暗色包有岩をもつ（dark coloured inclusion）、有色鉱物の多少による縞状構造（banded structure）はマグマ（magma）の流動性を示す。暗色包有岩が認められる。瀬戸内の多島美の風、内田信也氏の須磨御殿から移動されたものであるが、神戸地震によって倒れて大半が壊れ、破砕された具材を使用して再現
	五重の塔	庵治石を使った大型灯篭	
29 (41P)	椎葉紫雲石	宮崎県	玄武岩質の枕状溶岩（basaltic pillow lava）。溶岩流の層状（枕状部）白色"紫雲"の形態が特徴
	四国赤石	仁淀川川石	赤色の縞状チャート（beddedchert）、放散虫類の珪質殻（siliceous test of radiolaria）の沈積岩・火打石。赤色の色調は、砂漠起源の赤色粘土とされている

No.	石等の名称	産地	コメント
31	高知貝喰い緑石	産地不詳	緑色岩(green rock)。含まれる石灰質分(calcite)の多い部分の風化作用（溶出）によって、虫食い状の多くの穴や割れ目が造られ、異様な岩相を示している
	伊予の亀石	仁淀川	堆積後の破断作用で擾乱されている赤色縞状チャートであるが、風化削剥作用（wether eroding）で岩形が亀の形になっている
32	三波クジラ石	三波川石峡産青石	緑泥石片岩（chrolite schist）と白色珪質片岩（white siliceous schist）の織り成す模様が特徴。岩形全体の姿が、クジラの海面に浮きあがった形に似ている。東広島市市長であった蔵田氏が来園して命名。高度成長期に、この岩石の兄弟石（伊豆の踊り子模様）には1億円の値段がささやかれたと言われている
33	カメレオン石	五木紫雲石	緑色岩（green rock）。海底火山の薄い枕状溶岩（pillowlava）が断続し、最上部には親子のカメレオンが座っている形で風化作用が進んでいる銘石
34	日高赤石	縞状チャート	北海道日高山脈産の赤色チャートと灰色苦灰石層の互層岩(alternation of red chert and dolomite)
35	三波緑石	群馬県藤岡市	片理の発達が弱い緑色岩。最も変成度が低い部類、濡れると美しい
36 (21P)	三波紫雲石	群馬県藤岡市	玄武岩起源の典型的枕状溶岩(basaltic pillowlava)。白くて小さい点紋状の方解石（spotted calcite）と紫雲（石英）が美しい。苑主により当園の宝と表現された銘石
37 (39P)	伊予虎紋石	四国和泉層群	砂岩20トン、当園を代表する銘石。石英粒(quartz grains)の多い層と緑泥石（chlorite）の多い部分が互層（alternation）をなしているが、雨水による縦縞状のマンガン汚染（vertical band Mn tainted）があり、虎紋の特徴が弱くなっている
	青百景（現在は錦目孟宗竹園として改変）	各地	各地の青石、片状組織(schistose texture)や褶曲構造（foldinng structure）の規模と強弱が生み出す模様や、紫雲の有無を問わずそれぞれが表す表情には感動を覚えます 一部、北海道日高山脈、三波川など青石を組石として配置
	北海道（日高）青石	神居古潭変成帯	青石（藍閃石）片岩（glaucophane schist）、低温で高圧の紅簾石片岩（piemontite schist）

No.	石等の名称	産地	コメント
38	四国桜石	四国、仁淀川	石英・紅簾石片岩（quartz piemontite schist）。10トン正面から見える表情の違いは側面では美しい層状模様（bedded figure）として観察できる
39	高知山石（川石）	四国、高知	チャート層（chert formation）が上に重なった地層の重量で固結する前に断裂し、断裂部分を砂岩が埋めている堆積岩、主石が14トンで力強い塊状岩
41	仁淀川青紫雲石	四国、仁淀川	20トンの玄武岩質岩起源の緑色片岩（green rock of basalt origin）
42 (39P)	太公石（糸掛）	四国、仁淀川	砂岩が源岩の結晶片岩（schist of sandstone origin）、白い石英脈（quartz vein）が全体を追い、"糸掛け模様"と表現される平行線の流れは、白糸の滝を思わせる（18トン）
40 (37P)	珊瑚石（赤こぶ石）	四国、仁淀川	赤色珪質岩（reddish siliceous rock）と石灰質砂岩（calcareous sandstone）の互層岩（alternation）こぶ状珪質岩の断裂（fracturing）は、堆積時早期の固結度（solidification）の違いによって起こっている。15トン。濡れると美しい
43	京都紅加茂石	京都府加茂川上流	玄武岩質岩（basaltic rock）の急冷破砕岩（rapid cooling cataclastic rock）酸化作用による赤色化。ジュラ紀付加体（jurasic accretion zone - rocks の岩石で、赤色縞状チャート（red bedded chert）とともに、地域の銘石である
46	天狗岩	高知県	仮No.45と同質岩であるが、特異な風化作用による形態は、銘石にふさわしい
	伊予青石	四国三波川変成帯（吉野川）	青石・緑色片岩（green rock）
48	砂谷石組石	広島県湯来町	"湯来石"玄武岩質岩・緑色岩（basaltic rock・green rock）、磁鉄鉱（magnetite）を多く含む箇所がある。
	向原石組石	広島県向原町	流紋岩質溶結凝灰岩、高田流紋岩（rhyolitic welded tuff）、（Takata ryolite）
49	紅簾石テーブル・椅子	四国三波川変成帯	紅簾石（piedmontite）を含む紅色の平行線模様が美しい研磨面が観察できる。池泉庭園を前に、弁当を使う一家の安らぎの場となっている
	伊予青石（研磨）テーブル・椅子	四国三波川変成帯	巨大な緑泥石片岩（chlorite schist）の研磨面には、ちりめん皺（cremuration fold）と呼ばれる褶曲模様（foldong texture）が、極限的な線画を描き、自然の極致と表現できる。この奇岩テーブル上に広げる弁当の美味が想像できる
(38P)	夕張手水石	北海道夕張	砂岩質岩が原岩の珪質岩（siliceous rock of sandstone origi）

No.	石等の名称	産地	コメント
45	砂谷石陰陽組石	広島県湯来町	玄武岩、緑色岩（basalt、grccn rock）、磁鉄鉱（magnetite）を多く含む箇所があり主石16トン
	東家		二番杉で、釘を使わない工法の簡素な建物
	手水石（向原石）	広島県向原町	高田流紋岩（takata rhyolite）水流で自然にできた穴
55 (57P)	石英結晶片岩	四国三波川変成帯	石英片岩（quartz schist）は三波川結晶片岩（sanbagawa schist）を構成する岩石であるが、これほど大きな白色巨岩塊はきわめて稀少。ほかでみることはない。伊予青石に挟まれて形成され、侵食により手洗い鉢状の穴ができたきわめて珍しい岩石
	羅漢石の組石	広島県羅漢山	海底火山噴出物（submarine volcanic sediment）からなる岩石。熱変成カンラン岩（thermal mctamorphic pcridotite）または二郡周防変成岩（sangun metamorphic rocks）と考えられている
	弓状三和石	広島県三和町	丸みのある河石（river grabel） 高田流紋岩（takata rhyolite）
	ピカソのゲルニカ	広島県滝山川	花崗岩（granite）
	タイムカプセル		左から50年後開封：小中高生の自分宛手紙、100年後開封：現代の医療機器収納予定、1000年後開封：現代の美術工芸品収納予定
	高知石	四国	珪質片岩（siliceous schist）
50 (33P)	日高赤石の組石	北海道日高	赤色チャート（red chert）と薄い泥岩（thin claystone）の互層（alternationn）"縞状チャート"（bedded chert）、堆積岩（sedimentary rock）
61	砂谷石組石	広島県湯来町	玄武岩、緑色岩（basalt）、（green rock）、磁鉄鉱（magnetite）を多く含む箇所がある
	向原石	広島県向原町	流紋岩質溶結凝灰岩、高田流紋岩（rhyolitic welded tuff）
	貴船石	京都市加茂川	砂岩の熱変成岩（thermal metamorphic rock of sandstone）
52	大分黒紫雲石（三尊石"組石"）	大分県	玄武岩起源の緑色岩（green rock of basalt origin）、ガスの抜けた跡を埋めた方解石（calcite）と石英脈（quartz vein）からなる紫雲模様が美しい。急冷破砕（rapid cooling clast）によってできた細かい凹凸の模様が"五百羅漢"に見える奇岩である
	石鎚黒紫雲石	四国三波川変成岩	玄武岩起源岩＋方解石（basaltic rock + calcite）

No.	石等の名称	産地	コメント
57	六角堂と鳥海石組	秋田県鳥海火山	むろの木製の六角堂お休み所・玄武岩。溶岩・ガスが抜けた後の穴が多く、わずかにある風化土を頼りにコケや小さな木が自生している
56 (30P)	蓬莱神仙島（テーマ園）	全国各地	多様な岩石。園内に配置されたいろいろな岩石のほとんどの種類が配置され、蓬莱園の雰囲気を髣髴とさせる
(65P)	仙神大滝	全国各地	全国の銘石約400トンを組み上げた、高さ15 mの人工滝（循環式）。七色の滝として計画された、赤＝紅簾片岩（piedmontite schist）、緑＝伊予の青石（siliceous schist）、黒＝神居古潭石（kamuikotan peridotite）など
	稀少岩石	コロフォーム	球体組織を持つ白色チャート（white chert）、生物起源の珪質ゲル期（siliceous gel stage rock）を示す奇岩
58 (43P)	越前クラゲ石	越前海岸産	"クラゲ石"日本海の風波が激しい環境で形成される風化細礫岩（weathered granule）、砂岩（sandstone）の互層（alternation）岩。風化・侵食作用が起因
59 (42P)	抹香石	Mn汚染の暗黒食岩産地不明	細粒砂岩(fine grain sandstone)と泥岩(mudstone)の石灰質細互層岩（calcareous thin bedded alternation）。固結時の圧力による規則的割れ目が起因。中国では試剣石と呼ばれる直線上の割れ目が発達した形態
48	祖谷舞石	徳島県	三波川珪質片岩（sanbagawa schist）。平行状の片理面に挟在した泥質片岩（argillaceous schist）の模様が、白色の水飛沫に挑む鯉の滝登りに見える奇岩
	太湖石？	中国蘇州？	石灰岩（limestone）、人工的に穴を開けて湖に浸けて溶食させた庭石。蘇州付近の庭園では、この石がない庭は庭にあらずと言われるほど重要な庭園石だが、その真偽は不明（庭園業者の廃業）
	鉄平石（敷石）	長野県諏訪地方	2500万年前の八ヶ岳の火山活動でできた輝石安山岩（pyroxene andesite）
	大和石（テーマ園）	広島県大和町	花崗岩（granite）
4 (40P)	不動滝および東屋前	主石：大分県	滝を配した典型的「池泉庭園」。築山の一角に向原石"モアイ石"。 主石：大分県紫雲石17トン。従石：向原石からなる縁石群

No.	石等の名称	産地	コメント
54 (40P)	池泉庭園のワニ石のモアイ石築山		池中に配置された板状の柱状節理（platy-columnar joint）を残したワニ石は、本園奇岩の一つである
60	奥の院入口	伊予青石	入口の門2石および橋。直線・橋状の細長い岩塊。結晶片岩（siliceous schist）の風化・破砕による庭石の形態をよく表している
61	大分赤石	大分県三重町	赤色縞状チャート（red bedded chert）15トン
62	仙石湖畔 六角堂		"大名庭園"を仙石湖の南岸から見るお休み所
63 (33P)	滝山川河石・仙石富士	花崗岩（碑石）	碑石（monument rock）の南側（仙石富士側）には、造園主の岩石に対する思いが刻まれた碑文があり、自然に対する畏敬の念は、展示型ミュージアム建設を考えると、一読の価値がある。20トン
71 (29P)	伊予青石	四国三波川変成帯	緑泥石片岩（chlorite schis）15トン
72 (29P)	伊予青石	四国三波川変成帯	緑泥石片岩（chlorite schist）20トン
65 (62P)	苑主の想い碑石	広島県滝山川	花崗岩（granite）
64	伊予蛇紋岩	四国三波川変成帯	表面の模様が蛇紋の緑色岩起源の破砕岩（pyroclastic rock of green rock）、小さな角礫岩模様（angular gravel figure）に注目
(33P)	日高赤石組石	北海道日高地方	赤色チャート（red chert）と石灰岩（limestone）、苦灰岩（dolomite）に変質の互層（alternation）、堆積岩（sedimentary rock）。層理の断裂・不連続の原因として、海底地すべり（submarine sliding）が想定される
66	人型組石 （無題）	広島県湯来町	玄武岩緑色岩（basalt、green rock）、磁鉄鉱 magnetite を多く含む箇所がある。一般に日本庭園に使われる岩石が、斜めの不安定な形態で庭師の気持ちを表現することはほとんどないことから、新しい組石の試み

No.	石等の名称	産地	コメント
67 (43P)	大分赤富士石	大分県	"縞状チャート"17トン、赤粘土（red soil）とチャート（chert）の互層（alternation）。チャートは放散虫岩（radiolaria）類の珪質殻（siliceous test）が堆積した"生物岩"（biolithite）。red soilは大陸起源の粘土鉱物からなる深海成の堆積物であることが証明されている。典型的な富士山の美しさは"赤富士"を連想させる銘石
(27P)	黄山 （テーマ園）	広島県滝山川	花崗岩（granite）、温井ダム湖に沈むはずであった14個、第一24トン、第二21トン。花崗岩からなる地形としては珍しい、中国の世界遺産・ジオパーク、1500メートル以上の高峰群を模した墨絵の世界を想像させる組石庭園
69	神代門	岡山県新見市	神石殿の築造に使われた、岡山県新見市の八幡宮の神木の杉、その残りを使われた御門（大名庭園の入口か？
	仙石湖飛び石	各地	亀石、緑色岩質の破砕岩（pyroclastic green rock）など
	青大路 （テーマ園）	四国三波川変成帯	緑泥石片岩（chlorite schist）外国に売られるところを買い取った巨石群
	薄赤石	四国三波川変成帯	わずかに紅簾石（piedmontite）を含む珪質片岩（siliceous schist）、日陰のとき腰掛けになる
	望富庭 （昇龍庭）	広島県湯来町	砂谷石を主材とした典型的な枯山水庭園。"玄武岩"緑色岩（basalt green rock）と山口県産花崗岩の"白砂"波紋は、日本庭園の粋でもある
北園	銘石3種	1）産地不詳（糸魚川地域か）	石英、曹長石岩（quartz albite jadeite）高温熱変成岩で、無色のヒスイ輝石を含む奇石
		2）北海道有珠火山	2石。安山岩質溶岩（andesitic lava）は玄武岩（basalt）に似た黒色岩。年代はわからないが、庭石としては貴重な大型岩塊
		3）沖縄県本部半島	石灰藻球石灰岩（algal ball limestone）、沖縄海洋博に出展された琉球石灰岩層中の銘石。7トンの巨岩で、直径10センチ前後の石灰藻球が無数に含まれている
67	大分赤富士石	大分県	

29. 造園主 山名征三の素顔

シックな人 32

医療法人社団ヤマナ会 会長／仙石庭園 園主

山名 征三
Seizou Yamana

患者さんがいる限り生涯現役 それが医師としての使命

リウマチ・膠原病の生き字引

リウマチ・膠原病の権威としてその分野では知らない人のいない山名征三さん。青年期は岡山大学や当時世界の免疫学をリードしていたメルボルンの大学などで研究に没頭し、大きな業績も残しました。しかし、直接患者さんの治療を行いたいという思いが強くなり、大学を離れる決意を固めたそう。その後、西条中央病院の院長として臨床のキャリアも形成しながら、56歳の時にリウマチ・膠原病の専門病院を創立。遅い船出とはなりましたが、高い専門性が評判を呼び、現在受診者数は全国3指に入ります。そんな中、それでも病院の将来のためには何か新しい事業を、と思案して設立に至ったのが健診センターです。「当時は老人医療にどこも注力していた時代。でも将来的に健診なくして医療は受けられない時代が来るのではと予見し、また皆さんが最も心配されるガンに重点を置いた施設を作りました」。新規参入ゆえ当初こそ苦戦したそうですが、高いレベルでの健診が次第に評価され、今では中四国トップにまで成長しました。こうして医業経営でも成功を収めた山名さんですが、御年80未だ現役です。「患者さんが離れていかない限り続けていく、それが医師としての使命です。リウマチ・膠原病に関しては60年近くもその歴史を見てきた人間ですから、それを社会に還元していくのも務めだと思います」。

造園家としての顔

「仕事6割、趣味4割の人生」とは自身の言葉。若くして備前焼、中国絵画に傾倒し、それらコレクションの一部は健診センターにも展示してあるほど。またモノづくりも得意とし、自ら巨木天板でテーブルなどを作製。病院内で活用中なのだとか。そんな山名さんが趣味の到達点として選んだのが"石"でした。構想からおよそ20年をかけて完成させた石庭「仙石庭園」は、設計から施工まで仕事の合間を縫って山名さん自身が取り組んできた結晶。特に還暦を過ぎてから、こうした作業に没頭していると不思議とエネルギーが溢れてくるそうです。
「研究者として生きて、第2の人生は起業家、医業家として生きました。これからの人生は趣味を極めて生きてみたいですね。ただ大きくて立派な庭園を造っただけで終わりではなく、この庭園を独立採算できる形で未来永劫残していきたい。人生を終えるのは、それを見届けてからです」。

▲約6,000坪という広さを誇る「仙石庭園」。全国の銘石・奇石・組石を回廊しつつ鑑賞でき、全体として庭園形式をとっている全国的にも類をみない大規模石庭です。晴れた日の心地よさはもちろん、石の艶やかさを愛でるなら雨の日が格別なのだとか。また庭園の他、神石殿と呼ばれる建物内にも数多くの石が美しく展示されています。

64年 岡山大学医学部卒業／69年 医学博士号取得（免疫学）／70年 オーストラリア、モナシュ州大学（メルボルン）大学院博士課程入学、免疫アレルギー学専攻／73年 Doctor of phyolosophy (Ph.D)の称号授与／79年 岡山大学医学部附属病院講師拝命／80年 西条中央病院院長就任／94年 東広島記念病院 広島リウマチ・膠原病センター創立／98年 広島生活習慣病健診センター創立（東広島市）／02年 医療法人社団ヤマナ会設立／10年 東広島整形外科クリニック併合／11年 広島生活習慣病・がん健診センター設立（広島市）、さくらMRIクリニック設立／15年 広島生活習慣病・がん健診センター大野設立（宮島対岸）。日本リウマチ学会専門医・指導医（元）、広島県リウマチ科医会初代会長、Best Doctor in Japan（～2015）、日本リウマチ財団保健検討委員会委員など、所属・資格多数。

30. 造園主 山名征三の略歴

大学時代 – 医業家時代

1964 年	岡山大学医学部卒業
1966 年	抗胸腺細胞血清が細胞性免疫を強力に抑制することを世界に先駆けて発見 T 細胞、B 細胞時代の幕開けを先導する
1969 年	医学博士取得（免疫学）
1970 年	オーストラリア・メルボルンのモナシュ州立大学大学院博士課程入学 免疫アレルギー学専攻
1973 年	英国圏の Doctor of philosophy（Ph.D.）の称号取得
1976 年	好中球病とされたベーチェット病は活性化されたヘルパー T リンパ球により 誘導されることを証明
1979 年	岡山大学医学部附属病院講師拝命
1980 年	西条中央病院院長就任
1994 年	東広島記念病院リウマチ・膠原病センターを創立し、医業家へ転身する
1998 年	広島生活習慣病・がん健診センター東広島併設（東広島市）
2002 年	医療法人社団ヤマナ会設立
2009 年	リウマチ内科銀山町クリニック開設（広島市）
2010 年	東広島整形外科クリニックを M&A により開設（東広島市）
2011 年	広島生活習慣病・がん健診センター幟町開設（広島市）
2015 年	広島生活習慣病・がん健診センター大野開設（廿日市市）
2019 年	高齢者福祉複合施設たかやの郷を M&A により開設（東広島市）

造園家時代

2000 年	400 トンの向原巨石群を入手。自宅の石庭造りを始める
2001 年	高屋町高屋堀の耕作放棄地約 3000 坪入手
2003 年	当地で隠れ家造りに着手。広大な土地と周辺景観を生かし、職員・来院患者の保養施設に方向転換し、本格的な庭園造りを始める。以来、唯我独尊の世界を彷徨いつつ、6000 坪の大石庭を完成させていた
2009 年	県知事、各市の長を含む多数の来賓を得て、庭園のお披露目を行い、広島県における認知を得る
2015 年	庭園の顔である総杉造りの神石殿を御神木で造営
2017 年	有料化に踏み切り、運営会社として（株）ストーンパークヤマナを設立
2020 年	文化庁より仙石庭園庭石ミュージアムとして登録博物館認定を受ける
2021 年	3000 坪の北庭をコロナ禍中で完成させ、12000 坪の外様大名さんも青くなる日本庭園の完成をみる。歴史を刻む我が国の文化遺産との評価を得る 1000 年先まで進化し続ける庭園の維持・管理のため、新規事業を起業
2022 年	公益財団法人化を果たし、未来永劫の命脈をつなぐ

31. 我が国造園界の重鎮にして大阪万博跡地公園の設計者、数々の大規模庭園を手掛けた造園哲学者 吉村元男氏による仙石庭園の見立て

　今世紀の始め、一人の医師によって造られた仙石庭園は、「日本庭園史に新たな日本庭園の登場」と書き加えられねばならない。医師・山名征三氏による日本庭園作庭の動機は、自身が経営する病院の関係者や患者、リハビリで健康回復を目指している人々のために、自身が手に入れた市街地から遠く離れた田園の地に心地よい自然環境を造ることであった。その心地よい自然環境に、新しい日本庭園様式を取り入れ仙石庭園を造り上げた。日本庭園に、近代医学による心地よい庭園環境造りという新しい設計分野を切りひらいた。日本庭園は癒しの空間であり、健康回復の場所であり、日常生活からくるストレスの解消の場という、近代医学が目指す精神療法の場を日本庭園に求めて、仙石庭園は造られた。

　この独自の日本庭園を造るにあたって、山名氏が採用した手法は、従来の土地の持ち主である施主と作庭を依頼される庭園デザイナー、庭師の関係とは異なり、施主自ら土地を求め、数千トンにも及ぶ銘石を全国から集め、購入し、それらの石のすべてを自己が信頼する庭園職人によって、独自の石に対する美意識のもとで自己の土地に据え付けるといった、自作自演の唯一無二の日本庭園である。もう一つの唯一無二は、石組に使われる岩石を、40億年前の地球誕生時に形成された岩石と位置づけ、仙石庭園の石組には、地球誕生の物語が投影されていることにある。地球誕生時の岩石を火成岩、変成岩、堆積岩と地質学的に見立て、その岩石を、あたかも人の人格とも言える石拵として石組に取り組んだ。私はこの庭を「地球の庭」と呼ぶことにした。破格の仙石庭園は、地球という新しい視野から見て、ランドスケープからアースケープの日本庭園と位置付けられる。

　万博記念公園の日本庭園は日本庭園のミュージアムである。上代から中世庭園、枯山水庭園、近世大名庭園、近代、近現代までの日本庭園史の展示場である。その過去の日本庭園史の先に新しい日本庭園を付け加えるとすれば「地球の庭」の仙石庭園でなければならない。

　『図解 日本の庭』の著者・齋藤忠一氏は、全国で1200ある飛鳥・奈良時代から明治・大正頃までの日本庭園の6割から7割の庭園が、鶴島や亀島を持っているという。鶴島と亀島の思想は、中国の神仙蓬莱庭園に由来する。その神仙蓬莱庭園は、人間の生への欲望を不老長寿の願いとして形にしたものだ。さらに、秀吉が自ら設計した醍醐寺三宝院庭園にも鶴島と亀島があり、その中心の主石・藤戸石は秀吉の分身ともいわれ、権力者の肖像に見立てられている。従来の日本庭園の石組は、人間の欲望を形にしたものだ。医師・山名氏の石組は、蓬莱思考や権力志向とは全く無縁である。

　地球への視野を日本庭園に新しく開拓した仙石庭園は、地球環境時代の到来において、日本庭園の概念に、さらに大きな使命を与えようとしている。現代文明は、地球環境を自ら変えている。地球温暖化がそれである。地球を汚している現代文明は、病んだ地球にしっぺ返しされ、さまざまな災害が世界で起こっている。 文明の行き過ぎを警告する新しい庭園の思想が必要だ。

「地球の庭」の思想は、行き過ぎた文明をいやす庭だ。仙石庭園の隣地 1 ヘクタールの土地に、100年先を見据えた「仙石四季の森公園」を造る。山名氏と共に今から植栽の第一歩をスタートさせる巨樹の散開林の生命の森である。そこはキャンプで野営ができ、一般市民に解放されるみんなの公園だ。地球由来の岩石と生命の森が一体となった世界を、今世紀の末に地球環境が猛威を振るう時代に生きざるを得ない未来世代に贈り届ける。医師であり作庭家である山名征三氏の夢であり、山名氏と同じ世代である私の願いでもある。

32. 北米日本庭園協会の重鎮にして世界の日本庭園研究の第一人者　小林竑一氏の視点

私の仙石庭園との出会いはFacebookでその存在を知り、2019年日本訪問時に訪ねたことに始まる。庭園見学後、私の見てきた多くの経験をしても、それを超えた異次元の日本庭園であるとの印象であった。私はNAJGAに発表しなさいと勧め、その夜のうちに原稿を書き、申し入れ受理された。しかし、Covid-19の流行で話は頓挫した。2023年、再度訪れて山名氏の承諾の下、NAJGAでの発表の約束を取り付け、同年5月シアトルにてZoomにて発表した。私は、山名氏が医師でありながら患者の癒しの場として、庭園を辺鄙な田舎に造り、患者のケアに当たるという気持ちに共鳴した。庭園はその後も拡大を続け、4ヘクタールという日本庭園としては格別なスケール感、異質性を示すようになり、この宝物そして遺産として後世に伝えねばならないと考えるに至った。

　私は日本庭園で最も重要な要素は石であるとの考えである。私の石の原点は、京都の西芳寺上部庭園の石組、東北の毛越寺の石組などである。石を見つめる視点は、その存在感、全体との調和、石の容積や力強さ、石の表情である。それら全てにおいて仙石庭園の石たちは、私のイメージを超えるものであった。こんな庭はかつて見たことがない。大滝や湖から周辺を含む景観は素晴らしい。石や石組にも他に類を見ない素晴らしさを感じる日本庭園史の中で、唯一無二の庭園だ。これだけの規模の庭園では周辺の景観への配慮、そして連携の大きな可能性が感じられた。

　仙石庭園の作庭者の考えは、日本庭園は来訪者に多様な感動を与えねばならない。仙石庭園の場合は色彩豊かな巨石による石組だ。加えて三次元の空間芸術として立体感を感じさせるべく作庭されている。また、遠くから眺める庭園ではなく園内の小径を歩きながら石に触れ、地球の息吹きを感じ、またその悠久の時間をかけた遠い旅路に想いを馳せる仕組みが大切だとの認識のようだ。道すがら周辺の草花に季節を感じ、滝の水音に静寂を覚えるものでなければならないとの考えのようである。このことが日本庭園本来の憩い、癒し、精神浄化につながるとの思いを持たれていると感じる。私はこのような点を総合的に評価し、仙石庭園は過去例を見ない日本庭園としての異質性、異次元性にさらに付加価値を付ければ、将来世界遺産の候補足り得ると考えている。

小林竑一Ph.D.　シアトルより

33. 仙石庭園作庭の二十余年を振りかえって

　こんな辺鄙な田舎に大それた庭園を何故…？多くの人々の素朴な疑問であろう。私自身、当初からこのようなことを考えてスタートした訳ではない。石を使った庭造りの面白さに開眼し、自宅の庭造りに始まり、患者さんの憩いの場づくり、その流れで今日まで来たというのが本当のところであろう。バブル崩壊で世間が庭造りをやめる中、素晴らしい庭園素材が超安値で入手できたことなども助けとなった。私財を全て注入して完成させた仙石庭園は、私の目の黒い内はいいが、今後の維持・管理は大変である。公益財団法人となった今後は、私が創業した医療法人社団ヤマナ会の一組織として支援を受け、維持、管理していかねばならない。

　「庭園は造る人の感性を形にしたものだ」との老庭師の言葉に共感し、師を持たず、江戸期の大名さんも青くなる4ヘクタールの岩石日本庭園を完成させた。同じ大きな庭園を造るなら後世に残しても恥ずかしくない作品を残したい、自分がこの世に生きた証も残したいとの思いの結果が仙石庭園である。私はどこかに書いた記憶がある。「人の世は変わり者にて後の世潤う」。私も変わり者の一人だろう。

　完成までに1/4世紀を要した。誇らしく思っていると同時に、よくぞここまで来られたというのが実感である。私が庭石の魅力の虜になり、そのエネルギーがここまで来させたのだと思っている。特に、色艶豊かな美しい庭石と出会ってからは、その成因にまで関心を広げ、石の悠久の地球レベルの旅路を知り、それを最大限庭園造りの中に生かした。その結果が地球庭園、山名ワールドであった。しかし、作庭過程で当初は予想もしなかった壁に当たった。乗り越えるため、耐え、待つことを知り、最終的には全て合法的に処理でき、完成へと漕ぎつけた。

　医療の世界を深掘りした者の一人として、造園界を見ると多くの問題点も見えてきた。造園界は歴史、格式、伝統を重んずる社会ではあるが、変わること、変えることを何故良しとしないのであろうか。このことはこの25年間解答は得られていない。医療の世界は毎日が変化し、進化し続けている。新しい日本庭園スタイルが今の時代、次々と出てきてもおかしくないが、百年一日のごとく、過去を追っているのが造園界である。造園界はデザイナーと職人が同じ視点を必ずしも持ち合わせていないということであろうか。しかし、せめてケースバイケースで時代に合った発想をし、街路樹などは自由に成長させ、緑を増やし、日照を遮る工夫ぐらいは自治体も含め、業界を挙げてやるべきではないか…。

　それにしても仙石庭園に使われている庭石群は素晴らしい素材が多い。配置の仕方で将来何倍もの素晴らしい夢空間を作ることが可能だ。いずれ中興の祖が現れ、現実化するかもしれない。作庭に際し、私は当初から段取りを1人でやり、作庭工程も私の指示で大部分行ってきた。そのため、でき上がった庭園は業者任せにする場合の1/5以下の経費に抑えられた。時代と、人の逆を行く発想が「造園界に黒船来たる」とまで言われた新しい形の庭園を残せた原動力であったと思っている。評価は50〜100年先の人々にしていただければいい。

最後に大きな問題を残している。今の時代は「動」の時代であり、スポーツ全盛の時代である。それ自体大変結構なことであるが、日本庭園という究極の「静」の世界とは別方向へ動いていると言わざるを得ない。このような状況下で仙石庭園の存続がどうなるかということである。財務的には現在の支持母体が健全なうちは問題ないと考えている。庭園を、お金をいただいて鑑賞に堪える形で維持する方策は、残された職員の意地と努力に全てがかかっている。すでに組織は国が認定する登録博物館とした。加えて公益財団法人格まで得た。通常ならばこれで未来永劫の継承は可能と考える。しかし今の世はそれでも不確かである。

　継承するための今ひとつの資格が欲しい。それは文化財指定であろう。これには年月がいる。今後庭園に関わる人々に語り伝えてほしいことは、時期を見て文化財取得、国指定文化財の申請をしていただきたいということである。十分な条件は備えている。しかし、そこに至るにはステップを踏まねばならない。重要なことは我が国で最初にしてオンリーワンの庭石の登録博物館だということだ。職員がこの認識を持って仕事を続ければ、時代に抗って未来永劫の道を見つけることもできるであろう。

　二十余年の間、多くの人々が作庭にかかわり、その人たちの助けを得て今日の仙石庭園があることは申すまでもないことである。最後になったが、ここで改めてかかわった実に多くの方々に深甚なる謝意を表したい。感謝、感謝、感謝である。

　この本を著すにあたり、医療法人社団ヤマナ会職員、木村碧君には煩雑なるタイピングの全て、新田高広君には写真関係全般に多大なる支援をいただいた。ここに心より御礼申し上げたい。

　また、庭園をここまで支えた医療法人社団ヤマナ会が千年の歴史を仙石庭園とともに生き、永らえてくれることを切に希望する。

2025年3月
仙石庭園　苑主兼館長
山名　征三

奇跡の地球庭園
仙石庭園

2025年4月29日　発行　　　　　　　　　　NDC 629

著　者　山名征三
発行者　小川雄一
発行所　株式会社 誠文堂新光社
　　　　〒113-0033 東京都文京区本郷 3-3-11
　　　　https://www.seibundo-shinkosha.net/
印刷・製本　株式会社 大熊整美堂

©Seizo Yamana. 2025　　　　　　　　　Printed in Japan

本書掲載記事の無断転用を禁じます。
落丁本・乱丁本の場合はお取り替えいたします。
本書の内容に関するお問い合わせは、小社ホームページのお問い合わせフォームをご利用ください。

JCOPY〈(一社) 出版者著作権管理機構　委託出版物〉
本書を無断で複製複写(コピー)することは、著作権法上での例外を除き、禁じられています。本書をコピーされる場合は、そのつど事前に、(一社) 出版者著作権管理機構(電話 03-5244-5088／FAX 03-5244-5089／e-mail：info@jcopy.or.jp)の許諾を得てください。

ISBN978-4-416-92508-9